全国高等职业教育规划教材

旧工程机械评估与鉴定

李文耀　主　编
孙志星　程红玫　副主编

化学工业出版社

·北京·

本书以旧工程机械的评估与鉴定工作为主线进行相关知识内容的介绍与讲解。全书分为上下两篇，上篇为工程机械基础知识，主要介绍了常用工程机械与品牌工程机械概况，下篇为工程机械评估与鉴定，主要介绍了鉴定工作的前期准备、现场鉴定、二手工程机械评估心理、评定估算、撰写评估报告、二手工程机械融资与租赁、二手工程机械交易。

本书理论联系实际、通俗易懂、深入浅出、注重实用，可供高职高专院校工程机械相关专业使用，也可作为相关行业培训教材或自学用书。

图书在版编目（CIP）数据

旧工程机械评估与鉴定/李文耀主编． —北京：化学工业出版社，2013.8（2023.7重印）
全国高等职业教育规划教材
ISBN 978-7-122-18098-8

Ⅰ.①旧⋯ Ⅱ.①李⋯ Ⅲ.①工程机械-价格评估-高等职业教育-教材②工程机械-鉴定-高等职业教育-教材　Ⅳ.①TH2②F764.4

中国版本图书馆 CIP 数据核字（2013）第 176926 号

责任编辑：韩庆利　　　　　　　　文字编辑：杨　帆
责任校对：宋　夏　　　　　　　　装帧设计：尹琳琳

出版发行：化学工业出版社（北京市东城区青年湖南街 13 号　邮政编码 100011）
印　　装：涿州市般润文化传播有限公司
787mm×1092mm　1/16　印张 12¾　字数 316 千字　2023 年 7 月北京第 1 版第 2 次印刷

购书咨询：010-64518888　　　　　　售后服务：010-64518899
网　　址：http://www.cip.com.cn

凡购买本书，如有缺损质量问题，本社销售中心负责调换。

定　　价：38.00元　　　　　　　　　　　　　　　　　　　　　　　版权所有　违者必究

前　言

我国工程机械行业快速发展，外资、本土品牌设备销售突飞猛进，目前我国已经成为工程机械的产销大国。与此同时，二手工程机械以价格便宜、性价比高的特点得到了用户的广泛认可，社会需求量猛增，经过几年的发展，现已呈现出蓬勃发展之势。然而，据统计来看，国内二手工程机械市场虽呈现出供需两旺的繁荣景象，但市场表面的浮华背后难以掩盖自身问题，交易不规范、评估无标准、市场缺乏统一管理、售后服务不统一等问题困扰行业多年，而且二手工程机械进入市场最为关键的问题就是如何进行品质鉴别，并以此来制订设备指导价。

从二手工程机械交易市场来看，为了保证用户的合法权益和交易的透明度，亟待制订适合我国国情的技术和流通标准。该标准主要对二手设备的安全性、环保性、可使用性和质量保证等方面进行要求和规范，同时，需要培养大批二手设备的评估专业人才，依据技术规范和评估标准进行公正、公平的产品技术评定、产品估价、交易代理等相关工作。

本教材结合目前市场需求和人才培养需要，按照二手工程机械评估的一般程序，即"前期准备—现场鉴定—评定估算—撰写评估报告"，将内容分为常用工程机械认知、品牌工程机械企业概况、前期准备、现场鉴定、二手工程机械评估心理、评定估算、撰写评估报告、二手工程机械融资与租赁、二手工程机械交易九个部分对二手工程机械评估和交易的过程进行详细讲解，从理论知识和实际操作两方面对评估和交易程序各个环节进行了详细阐述，最后通过二手液压挖掘机评估实例对所述理论和方法进行进一步介绍，有助于读者对相关知识与技能的学习和掌握。

本教材由山西交通职业技术学院李文耀担任主编，山西交通职业技术学院孙志星与程红玫担任副主编，山西交通职业技术学院申敏、山西通宝工程机械有限公司张涛全、山西金骏工程机械有限公司易虎平，以及程俊鑫等同志参与了本书的编写工作。另外，在资料收集过程中，山西沃源工程机械公司杨强同志提供了很大帮助。参加编写人员分工为：第六章、第七章、第八章、第九章、第十章由李文耀编写，第一章、第二章由孙志星编写，第三章由程红玫编写，第四章由程俊鑫编写，第五章由申敏编写。

本书有配套电子课件，可赠送给用本书作为授课教材的院校和老师，如有需要，可发邮件至 hqlbook@126.com 索取。

由于编者水平有限，书中难免存在疏漏和不妥之处，敬请广大读者批评指正。

编者

目　录

上篇　工程机械认知基础

第一章　常用工程机械 ··· 2
- 第一节　土方工程机械 ··· 2
- 第二节　压实机械 ·· 8
- 第三节　路面施工机械 ·· 12
- 第四节　养护机械 ·· 18

第二章　品牌工程机械概况 ··· 38
- 第一节　国内品牌工程机械概况 ··· 38
- 第二节　国外品牌工程机械概况 ··· 63

下篇　工程机械鉴定与评估

第三章　前期准备 ·· 84
- 第一节　业务洽谈 ·· 84
- 第二节　签订二手工程机械鉴定评估委托书 ························ 89
- 第三节　拟定二手工程机械鉴定评估作业方案 ····················· 92

第四章　现场鉴定 ·· 97
- 第一节　检查核对工程机械的证件 ······································ 97
- 第二节　二手工程机械现时状态的静态检查 ························ 98
- 第三节　二手工程机械现时状态的动态检查 ······················· 105
- 第四节　对鉴定工程机械进行拍照 ···································· 115

第五章　二手工程机械评估心理 ··· 117
- 第一节　二手工程机械商品价格心理 ································· 117
- 第二节　二手工程机械商品需求心理 ································· 127

第六章　评定估算 ·· 131
- 第一节　确定二手工程机械成新率 ···································· 131
- 第二节　计算评估 ·· 137

第七章　撰写评估报告 ·· 143
- 第一节　评估报告书 ··· 143

第二节　编制二手工程机械鉴定评估报告书的步骤及注意事项……………………… 147

第八章　二手工程机械融资租赁………………………………………………… 149

　　第一节　现代融资租赁介绍……………………………………………………… 149
　　第二节　公司融资………………………………………………………………… 152
　　第三节　公司融资方案…………………………………………………………… 156
　　第四节　二手工程机械融资……………………………………………………… 160
　　第五节　购买者融资分析………………………………………………………… 167
　　第六节　融资前景市场分析……………………………………………………… 168

第九章　二手工程机械交易……………………………………………………… 171

　　第一节　交易要求………………………………………………………………… 171
　　第二节　交易合同………………………………………………………………… 172

第十章　二手液压挖掘机评估实例……………………………………………… 179

参考文献……………………………………………………………………………… 198

上篇

工程机械认知基础

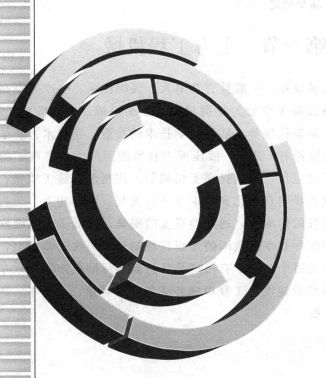

第一章

常用工程机械

【学习目标】

一、学习重点

1. 常见土方工程机械的机型种类
2. 挖掘机、装载机的机构
3. 常见路面施工机械的种类
4. 常见养护机械的机型种类

二、学习难点

1. 各类工程机械的特点及使用范围
2. 挖掘机、装载机型号编制规定

第一节 土方工程机械

土石方工程所使用的机械设备，一般具有功率大、机动性强、生产效率高和配套机型复杂等特点。土石方机械设备主要分为挖掘机械、推土机械、装载机械、铲运机械、凿岩穿孔机械、压实机械、运输机械等。随着科学技术的发展，新技术、新结构和新工艺已广泛用于各类施工机械设备中。其中，液压液力技术的运用大大提高了施工机械的生产效率；微机和激光技术的运用，有效提高了机械的工作精度和施工质量；机电一体化技术的运用，使施工机械逐步向自动化和智能化方向发展。在结构上，工程机械已广泛采用模块和组件结构，部件的标准化，通用性程度的提高，降低了机械维修保养的难度，提高了机械的完好率和使用效率。我国的工程机械制造业虽然起步较晚，但发展速度快。土石方工程机械已有上百个品种，有些产品已达到国际同类产品的水平。为提高机械化施工水平和加快工程建设速度，工程机械势必朝着大容量、大功率、高效率、安全可靠和维修便捷的方向发展。

一、推土机

1. 推土机的用途

推土机是一种多用途的自行式施工机械。推土机在作业时，将铲刀切入土中，依靠机械的牵引力，完成土壤的切削和推运工作。推土机可完成铲土、运土、填土、平地、松土、压实以及清除杂物等作业，还可以给铲运机和平地机助铲和预松土以及牵引各种拖式施工机械进行作业。

2. 常用推土机的分类、特点及适用范围（见表1-1）。

表1-1 常用推土机分类

分类形式	分类	特点及适用范围
按发动机功率分	小型	发动机功率小于44kW
	中型	发动机功率59~103kW
	大型	发动机功率118~235kW
	特大型	发动机功率大于235kW
按行走装置分	履带式	此类推土机与地面接触的行走部件为履带。由于它具有附着牵引力大、接地比压低、爬坡能力强以及能胜任较为险恶的工作环境等优点,因此是推土机的代表机种(见图1-1)
	轮胎式	此类推土机与地面接触的行走部件为轮胎。具有行驶速度高、作业循环时间短、运输转移时不损坏路面、机动性好等优点(见图1-2)
按用途分	普通型	此类推土机具有通用性,它广泛应用于各类土石方工程中,主机为通用的工业拖拉机
	专用型	此类推土机适用于特定工况,具有专一性能,属此类推土机的有:湿地推土机、水陆两用推土机、水下推土机、爆破推土机、军用快速推土机等
按铲刀形式分	直铲式	也称固定式。此类推土机的铲刀与底盘的纵向轴线构成直角,铲刀的切削角可调。对于重型推土机,铲刀还具有绕底盘的纵向轴线旋转一定角度的能力。一般来说,特大型与小型推土机采用直铲式的居多,因为它的经济性与坚固性较好
	角铲式	也称回转式。此类推土机的铲刀除了能调节切削角度外,还可在水平面内回转一定角度(一般为±25°)。角铲式推土机作业时,可实现侧向卸土。应用范围较广,多用于中型推土机
按传动方式分	机械传动式	此类推土机的传动系全部由机械零部件组成。机械传动式推土机,具有制造简单、工作可靠、传动效率高等优点,但操作笨重、发动机容易熄火、作业效率较低
	液力机械传动式	此类推土机的传动系由液力变矩器、动力换挡变速箱等液力与机械相配合的零部件组成。具有操纵灵便、发动机不易熄火、可不停车换挡、作业效率高等优点,但制造成本较高、工地修理较难。它是目前产品发展的主要方向
	全液压传动式	此类推土机除工作装置采用液压操纵外,其行走装置的驱动也采用了液压马达。它具有结构紧凑、操纵轻便、可原地转向、机动灵活等优点,但制造成本高、维修较难
	电传动式	此类推土机的工作装置、行走机构采用电动马达提供动力。它具有结构简单、工作可靠、作业效率高、污染少等优点,但受电源、电缆的限制,使用受局限。一般用于露天矿、矿井作业

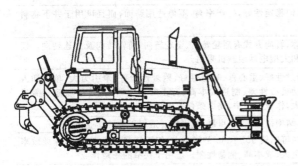

图1-1 履带式推土机

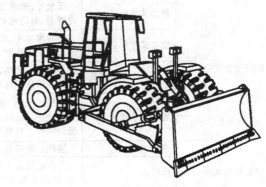

图1-2 轮胎式推土机

二、装载机

1. 装载机的用途

装载机是一种用途十分广泛的工程机械,如图 1-3 所示,它可以用来铲装、搬运、卸载、平整散状物料,也可以对岩石、硬土等进行轻度的铲掘工作,如果换装相应的工作装置,还可以进行推土、起重、装卸木料及钢管等。因此,它被广泛应用于建筑、公路、铁路、国防等工程中,对加快工程建设速度、减轻劳动强度、提高工程质量、降低工程成本具有重要作用。

图 1-3 装载机

2. 常用单斗装载机的分类、特点及适用范围(见表 1-2)。

表 1-2 常用单斗装载机的分类、特点及适用范围

分类形式	分类	特点及适用范围
按发动机功率分	小型	功率小于 74kW
	中型	功率 74~147kW
	大型	功率 147~515kW
	特大型	功率大于 515kW
按传动方式分	机械传动式	结构简单、制造容易、成本低、使用维修较容易;传动系冲击振动大,功率利用差。仅小型装载机采用
	液力机械传动式	传动系冲击振动小、传动件寿命长、车速随外载荷自动调节、操作方便、减少驾驶员疲劳。多用于大中型装载机
	液压传动式	可无级调速、操作简单;启动性差、液压元件寿命较短。仅小型装载机采用
	电传动式	可无级调速、工作可靠、维修简单;设备质量大、费用高。大型装载机采用
按行走装置分	轮胎式装载机	质量小、速度快、机动灵活、效率高、不易损坏路面;接地比压大、通过性差、稳定性差、对场地和物料块度有一定要求,应用范围广泛
	铰接式车架装载机	转弯半径小、纵向稳定性好,生产率高,不但适用路面,而且可用于井下物料的装载运输作业
	整体式车架装载机	车架是一个整体,转向方式有后轮转向、全轮转向、前轮转向及差速转向。仅小型全液压驱动和大型电动装载机采用
	履带式装载机	接地比压小、通过性好、重心低、稳定性好、附着性能好、牵引力大、单位插入力大;速度低、机动灵活性差、制造成本高、行走时易损路面、转移场地时需拖运。用在工程量大,作业点集中,路面条件差的场合
按装卸方式分	前卸式	前端铲装卸载,结构简单、工作可靠、视野好。适用于各种作业地
	回转式	工作装置安装在可回转 90°~360°的转台上,侧面卸载故无需掉头,作业效率高;结构复杂、质量大、成本高、侧稳定性差。适用于狭窄的场地作业
	后卸式	前端装料,向后端卸料,作业效率高;作业安全性差,应用不广

三、铲运机

1. 铲运机的用途及特点

铲运机（见图 1-4）是一种利用装在前后轮轴或左右履带之间的铲运斗，在行进中依次进行铲装、运载和铺卸等作业的工程机械。其主要特点是：

（1）多功能　可以用来进行铲挖和装载，在土方工程中可直接铲挖Ⅰ～Ⅱ级较软的土，对Ⅲ～Ⅳ级较硬的土，需先把土耙松才能铲挖。

（2）高速、长距离、大容量运土能力　铲运机的车速比自卸汽车稍低，它可以把大量的土运送到几公里外的弃土场。

铲运机主要用于大规模的土方工程中。它的经济运距在 100～1500m，最大运距可达几公里。拖式铲运机的最佳运距为 200～400m；自行式铲运机的合理运距为 500～5000m。当运距小于 100m 时，采用推土机施工较有利；当运距大于 5000m 时，采用挖掘机或装载机与自卸汽车配合的施工方法较经济。

图 1-4　铲运机

2. 铲运机的分类（见表 1-3）

表 1-3　铲运机的分类

分　类	特　点	分　类	特　点
按斗容量分	小型:铲斗容量<5m³ 中型:铲斗容量=5～15m³ 大型:铲斗容量=15～30m³ 特大型:铲斗容量>30m³	按卸土方式分	自由卸土式 半强制卸土式 强制卸土式
按行走方式分	拖式 自行式	按传动方式分	机械传动式 液力机械传动式 电传动式 液压传动式
按行走装置分	轮胎式 履带式	按工作装置的操纵方式分	机械式 液压式

四、平地机

1. 平地机的用途

平地机（见图 1-5）是一种装有以铲土刮刀为主，配有其他多种辅助作业装置，进行土的切削、刮送和整平作业的施工机械。它可以进行砂、砾石路面、路基路面的整形和维修，表层土或草皮的剥离，挖沟，修刮边坡等整平作业，还可完成材料的混合、回填、推移、摊平作业。平地机配以辅助装置，可以进一步提高其工作能力，扩大其使用范围，因此，平地机是一种效率高、作业精度好、用途广泛的施工机械，被广泛应用于公路、铁路、机场、停车场等大面积场地的整平作业。

图1-5 平地机

2. 平地机的分类

平地机按行走方式的不同可分为自行式及拖式两种。拖式平地机因机动性差、操纵费力目前已不生产。自行式平地机由于其机动灵活、生产率高而被广泛应用。自行式平地机按行走车轮数可分为四轮式及六轮式两种。四轮式用于轻型平地机，六轮式用于大中型平地机。按转向方式的不同可分为前轮转向式、全轮转向式和铰接转向式三种。自行式平地机还可按车轮对数或轴数进行分类，其表示方法为：车轮总对数（或轴数）×驱动轮对数（或轴数）×转向轮对数（或轴数）。六轮的有3×2×1（前轮转向，中后轮驱动），3×3×1（前轮转向，全轮驱动），3×3×3（全轮转向，全轮驱动）；四轮的有2×1×1（前轮转向，后轮驱动），2×2×2（全轮转向，全轮驱动）。自行式平地机驱动轮数越多，在工作中所产生的附着牵引力越大，转向轮数越多，机械的转弯半径越小。所以上述几种形式中以3×3×3型性能最好，大中型自行式平地机多采用这种型式。目前国内外生产的大中型平地机主要以三轴六轮式为主，且大多采用铰接式车架，具有更小的转弯半径，其机动灵活性也更好。

平地机还可按刮刀长度和发动机功率分为轻、中、重型三种，见表1-4。

表1-4 平地机按刮刀长度和发动机功率分类

类型	刮刀长度/m	发动机功率/kW	质量/kg	车轮数
轻型	<3	44～66	5000～9000	四轮
中型	3～3.7	66～110	9000～14000	六轮
重型	3.7～4.2	110～220	14000～19000	六轮

平地机按工作装置（刮刀）和行走装置的操纵方式，可分为机械操纵式和液压操纵式两种。目前自行式平地机多采用液压操纵式。

五、单斗挖掘机

1. 单斗挖掘机（见图 1-6）的用途

1) 开挖建筑物或厂房基础。
2) 挖掘土料、剥离采矿场覆盖层。
3) 采石场、隧道内、厂房和堆料场等中的装载作业。
4) 开挖沟渠、运河和疏通水道。
5) 更换工作装置后可进行浇筑、起重、安装、打桩、夯实等作业。

图 1-6 单斗挖掘机

2. 挖掘机的分类、编号及表示方法（见表 1-5）

表 1-5 国产单斗挖掘机型号编制规定

类	组	型	特性	代号	代号含义	主参数	
						名称	单位
挖掘机	单斗挖掘机 W（挖）	履带式		W	机械式单斗挖掘机	标准斗容量	m³
			D（电）	WD	电动式单斗挖掘机	标准斗容量	m³
			Y（液）	WY	液压式单斗挖掘机	标准斗容量	m³
			B（臂）	WB	长臂式单斗挖掘机	标准斗容量	m³
			S（隧）	WS	隧道式单斗挖掘机	标准斗容量	m³
		轮胎式 L（轮）		WL	轮胎式机械单斗挖掘机	标准斗容量	m³
			D（电）	WLD	轮胎式电动单斗挖掘机		
			Y（液）	WLY	轮胎式液压单斗挖掘机		

其具体表示方法为四组符号：

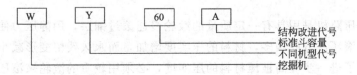

第二节 压实机械

压实机械是利用机械自重、振动或冲击等方法，对被压实材料重复加载，克服其黏聚力和内摩擦力，排出气体和多余的水分，迫使材料颗粒之间产生位移，相互楔紧，增加密实度，以达到必需的强度、稳定性和平整度的要求，以便运行机械在行驶时，在动载荷的作用下被雨水、风雪侵蚀而不至于破坏，从而保证运行机械的正常运行和道路的使用寿命。压实机械广泛用于公路、铁路路基、城市道路、机场跑道、堤坝及建筑物基础等工程建设的压实机械。

压实机械通常分为压路机（以滚轮压实）和夯实机（以平板压实）两大类。按施力原理不同，压路机又分为静作用压路机、轮胎压路机、振动压路机和冲击式压路机四大系列，夯实机械有振动夯实机、仅以冲击作用的爆炸夯实机和蛙式夯实机，见表1-6。

表1-6 压实机械的系列与分类

压实机械	系列	分类	主要结构型式	规格（总量）/t
压路机	静碾压路机	三轮静碾压路机	偏转轮转向、铰接转向	10~25
		两轮静碾压路机	偏转轮转向、铰接转向	4~16
		拖式静碾压路机	拖式光轮，拖式羊脚轮	6~20
	轮胎压路机	自行式轮胎压路机	偏转轮转向，铰接转向	12~40
		拖式轮胎压路机	拖式，半拖式	12.5~100
	振动压路机	轮胎驱动单轮振动压路机	光轮振动，凸块轮振动	2~25
		串联式振动压路机	单轮振动，双轮振动	12.5~18
		组合式振动压路机	光面轮胎，光轮振动	6~12
		手扶式振动压路机	双轮振动，单轮振动	0.4~1.4
		拖式振动压路机	光轮振动，凸块轮振动	2~18
		斜坡振动压实机	光拖式爬坡，自行爬坡	
		沟槽振动压实机	沉入式振动，伸入式振动	
	冲击式压路机	冲击式方滚压路机	拖式	
		振冲式多棱压路机	自行式	
夯实机	振动夯实机	振动平板夯实机	单向移动，双向移动	0.05~0.80
		振动冲击夯实机	电动机式，内燃机式	0.050~0.075
	打击夯实机	爆炸夯实机		
		蛙式夯实机		

一、静力式光轮压路机

1. 作用

静力式光轮压路机是用具有一定质量的滚轮慢速滚过铺层，用静压力使铺层材料获得永久残留变形。随滚压次数的增多，材料的压实度增加，而永久残留变形减小，最后实际残留变形接近零。为了进一步提高被压材料的压实度，必须用较重的滚轮来滚压。但是，依靠静载荷（自重）压实，材料颗粒之间的摩擦力阻止颗粒进行大范围运动，随着静载荷的增加，颗粒间的摩擦力也增加。因此，静作用压实，有一个极限的压实效果，无限地增加静载荷有时也不能得到要求的压实效果，反而会破坏材料的结构。滚压的特点是，循环延续时间长，材料应力状态的变化速度不大，但应力较大。

2. 分类

按压轮数和轴数可分为二轮两轴式、三轮两轴式和三轮三轴式，如图1-7所示；按整机质量可分为特轻型、轻型、中型、重型和超重型；按车架结构可分为整体式和铰接式；按传动方式可分为机械传动式和液压传动式。

(a) 二轮两轴式　　　　　　　　(b) 三轮两轴式

图 1-7　压路机按滚轮数和轴数分类

3. 技术特点

静力光轮压路机在压实地基方面不如振动压路机有效，在压实沥青铺筑层方面又不如轮胎压路机性能好。可以说凡是静力光面滚压路机所能完成的工作，均可用其他型式的压路机来代替。所以，无论从使用范围或实用性能来分析，都是不够理想的。但由于静力压路机具有结构简单、维修方便、制造容易、寿命长、可靠性好等优点，因此，目前它还在生产，并在大量使用着。为了在这种压路机的压实性能、操纵性能、安全性能和减小噪声等方面有所改进，静力光面滚压路机多采用以下技术。

(1) 大直径的滚轮　国外先进的压路机中，串联压路机质量在 6～8t 的滚轮直径为 1.3～1.4m，质量在 8～10t 的滚轮直径为 1.4～1.5m，三轮压路机质量在 8～10t 的滚轮直径为 1.6m，质量在 10t 以上的滚轮直径为 1.7m。

增大滚轮直径不仅可以减少压路机的驱动阻力，提高压实的平整度，而且当线压在很大范围内变化时，均能得到较高的密实度。

(2) 全轮驱动　由于从动轮在压实的过程中，其前面容易产生弓形土坡，其后面容易产生尾坡。所以现代压路机多采用全轮驱动。采用全轮驱动的压路机，其前后轮的直径可做成相同的，其质量分配可做到大致相等。同时还可使其爬坡能力、通过性能和稳定性均能得到提高。

另外，还可采用液力机械传动、静液压式传动和液压铰接式转向等技术。这样不仅可以提高压路机的压实效果，减少转弯半径，而且在弯道压实中不留空隙部，特别适宜压实沥青铺层。

二、轮胎压路机

1. 作用

轮胎式压路机（见图1-8）是利用充气轮胎的特性来进行压实的机械。它除有垂直压力外，还有水平压实力，这些水平压实力，不但沿行驶方向有压实力的作用，而且沿机械的横向也有压实力的作用。由于压实力能沿各个方向移动材料粒子，所以可得到最大的密实度。这些力的作用加上橡胶轮胎所产生的一种"揉压作用"结果就产生了极好的压实效果。另外，轮胎压路机在对两侧边做最后压实时，能使整个铺层表面均匀一致，而对路缘石的擦边碰撞破坏比钢轮压路机要小得多。轮胎压路机还具有可增减配重、改变轮胎充气压力的特点。这样更有益于对各种材料的压实。

轮胎压路机能适应不同条件下的土的压实，使用范围较广，压实效果好，压实影响深度较大，适用于黏土的压实作业，特别在沥青面的压实作业，更显示出其优越性。目前，轮胎压路机在国内外的公路建设中均得到了广泛的应用。

轮式压路机按行走方式可分为拖式和自行式两种；按轮胎的负载情况可分为多个轮胎整体受载、单个轮胎独立受载和复合受载三种；按轮胎在轴上安装的方式可分为各轮胎单轴安装、通轴安装和复合式安装三种；按平衡系统型式可分为杠杆（机械）式、液压式、气压式和复合式等几种；按轮胎在轴上的布置可以分为轮胎交错布置、行列布置和复合布置；按转向方式可以分为偏转车轮转向、转向轮轴转向和铰接转向三种。

图 1-8 轮胎式压路机

2. 分类

按轮胎悬挂方式，轮胎压路机可分为刚性悬挂式和独立悬挂式两种。前者是几个轮胎成对地一排安装，其结构简单，但是，当压路机沿不平路面行驶或作业时，个别轮胎会发生超载，其结果不能保证沿被压宽度的铺层均匀压实；后者是借助液压、气压或机械装置使每个轮胎独立悬挂，使其不但有垂直方向的位移，而且还可以侧向摆动，可以使各个轮胎的负载均匀，铺层得到均匀的压实。

三、振动压路机

1. 功能

振动压实是利用在物体上的激振器所产生的高频振动传给被压材料，使其发生接近自身固有频率的振动，颗粒间的摩擦力实际上被消除，振动压路机如图 1-9 所示。在这种状态下，小的颗粒充填到大的颗粒材料的孔隙中，材料处于容积尽量小的状态，压实度增加。振实的特点是表面应力不大、过程时间短、加载频率大，可广泛用于黏性小的材料，如砂土、

图 1-9 振动压路机

水泥混凝土混合料等。

2. 分类

根据振动压路机工作原理、操作方法和用途的不同,有不同的分类方法。振动压路机可有以下分类方法:

按机器结构质量可分为:轻型、中型、重型和超重型。

按行驶方式可分为:自行式、拖式和手扶式。

按振动轮数量可分为:单轮振动、双轮振动和多轮振动。

按驱动轮数量可分为:单轮驱动、双轮驱动和全轮驱动。

按传动方式可分为:机械传动、液力机械传动、液压机械传动和全液压传动。

按振动轮外部结构可分为:光轮、凸块(羊足)、橡胶压轮。

按振动轮内部结构可分为:振动、振荡和垂直振动。其中振动又可分为:单频单幅、单频双幅、单频多幅、多频多幅和无级调频调幅。

按振动激励方式可分为:垂直振动激励、水平振动激励和复合激励。垂直振动激励又可分为定向激励和非定向激励。

3. 振动压路机的技术特点

(1) 全液压驱动 液压传动过程平稳,操纵灵活省力,并且为自动控制创造了条件。特别是压路机的行走静液压驱动,可以大大提高压路机的压实效果。全轮驱动压路机的滚轮既是行走装置又是作业装置。

(2) 可调频调幅 振动轮是振动压路机的工作机构,是影响整机压实性能的核心部件。目前,绝大多数振动压路机具有高、低两种振幅,一般依靠振动轴的正、反转使固定偏心块与活动偏心块相叠加(高振幅)或相抵消(低振幅)来实现。但由于铺层材料千差万别,超薄与超厚铺层的巨大差异使得对振幅的要求范围也更宽,高、低两种振幅已不适应某些特殊工况及一些新型混合材料的压实要求。另外,目前虽然出现了多振幅结构(例如:某些产品实现了 8 挡振动幅度),但几乎都由人工直接操作调幅机构来实现,无法实现自动控制。近年已经出现了多种无级调幅技术,振幅的合理调节有利于对不同的铺层进行压实并解决新型材料的压实,以及实现振动方向一致的功能,提高压实表面质量,对于提高振动压路机的作业质量极其重要。一些新型的无级调幅机构结构简单,而且可以通过总线和控制系统的应用,实现振动压路机控制的"智能化"。

(3) 压路机的智能化 如德国宝马公司采用的密实度检测管理系统,由自动变幅压实系统(BVM)、变幅控制压实系统(BVC)、全球定位系统和沥青经理(ASPHALT MANAGER)、压实管理系统(BCM)等部分组成。在对压路机控制和机器工作状态实施监测的基础上,压路机将实现全面自动化,达到压实作业的最优控制。机器可以按照土质的变化情况不断调整自身各项参数(振动频率、振幅、碾压速度、遍数)的组合,自动适应外部工作状态的变化,使压实作业始终在最优条件下进行。并可应用机载计算机,进行工作过程的监测、机器技术状态的诊断、报警及故障分析。

(4) 超低幅振动压路机 对于薄层路面,其压实存在着大粒径集料易被压碎的危险;而且集料的破碎将给路面上的松散、裂缝、渗水、剥落等病害埋下隐患。解决薄层路面压实方案之一是采用低振幅、高频率的振动压路机,可在现有最小振幅 0.35~0.45mm 和频率 40~45Hz 的基础上进一步减小振幅、提高频率。降低振幅提高频率,更好地控制振动能量输出,采用新的振动能量输入方式,以免发生过度压实。

(5) 防滑转控制系统 防滑转控制系统可防止钢轮或轮胎在上下坡或恶劣工况下打滑。机器采用先进的自动滑移控制(ASC)差速系统,通过监视所有轮胎和钢轮的转动状况,平衡各行走驱动转矩,来提供最佳牵引力分配,提高爬坡性能,确保压实效果。使压路机的爬坡能力超过 50%。

(6) 振荡式振动压路机 振荡压路机的振动轮内的两根偏心轴作同向同步旋转,其偏心块的相位角为 180 度,激振力的合力沿滚轮径向为零,滚轮在圆周方向产生一个交互转矩,激励土体产生水平振动。振动轮不会跳离地面,振动波不会向两侧传播,从而改善了机器本身的工作条件和减轻了对环境的振动污染。振荡压实实际上是一种振动与揉搓相结合的压实方法,在压实沥青路面和 RCC 路面时已显示了良好效果。

由于压路机新技术、新工艺、新材料的应用,新型压路机的性能进一步完善,作业性能与作业效率也得到了进一步的提高。

第三节 路面施工机械

路面设置机械是指在公路建设中完成路面材料的生产与施工的机械设备。由于路面是用多种材料铺筑成的多层建筑物,以及公路等级及地理位置的不同造成采用的筑路材料种类繁多,加之施工方法多样,因此路面工程施工机械的品种多种多样,其范围涉及较广。下面介绍工程施工中常用的几种公路路面工程专用机械。

一、沥青混凝土摊铺机

1. 用途

沥青混凝土摊铺机如图 1-10 所示,它是沥青路面专用施工机械。它的作用是将拌制好的沥青混凝土材料均匀地摊铺在路面底基层或基层上,构成沥青混凝土基层或面层。摊铺机能够准确保证摊铺层厚度、宽度、路面拱度、平整度、密实度。因而广泛用于公路、城市道路、大型货场和机场等工程中的沥青混凝土摊铺作业，也可用于稳定材料和干硬性水泥混凝土材料的摊铺作业。

图 1-10　沥青混凝土摊铺机

2. 分类、特点及适用范围

1) 按摊铺宽度，可分为小型、中型、大型和超大型四种。小型最大摊铺宽度一般小于 3600mm，主要用于路面养护和城市巷道路面修筑工程。中型最大摊铺宽度在 4000～6000mm，主要用于一般公路路面的修筑和养护工程。大型最大摊铺宽度一般在 7000～9000mm 之间，主要用于高等级公路路面工程。

超大型一般最大摊铺宽度为 12000mm，主要用于高速公路路面施工。使用装有自动调平装置的超大型摊铺机摊铺路面，纵向接缝少，整体性及平整度好，尤其摊铺路面表层效果最佳。

2) 按行走方式分，摊铺机分为拖式和自行式两种。其中自行式又分为履带式、轮胎式两种。拖式摊铺机是将收料、输料、分料和熨平等作业装置安装在一个特制的机架上组成的摊铺作业装置。工作时靠运料自卸车牵引或顶推进行摊铺作业。它的结构简单，使用成本低，但其摊铺能力小，摊铺质量低，所以拖式摊铺机仅适用于三级以下公路路面的养护作业。

履带式摊铺机一般为大型摊铺机，其优点是接地比压小、附着力大，摊铺作业时很少出现打滑现象，运行平稳。其缺点是机动性差，对路基凸起物吸收能力差，弯道作业时铺层边缘圆滑程度较轮胎式摊铺机低，且结构复杂，制造成本较高。履带式摊铺机多为大型和超大型机，用于大型公路工程的施工。

轮胎式摊铺机靠轮胎支撑整机并提供附着力，它的优点是转移运行速度快，机动性好，对路基凸起物吸收能力强，弯道作业易形成圆滑边缘。其缺点是附着力小，在摊铺路幅较宽、铺层较厚的路面时易产生打滑现象，另外它对路基凹坑较敏感。轮胎式摊铺机主要用于道路修筑与养护作业。

3) 按动力传动方式，摊铺机分为机械式和液压式两种。机械式摊铺机的行走驱动、输料传动、分料传动等主要传动机构都采用机械传动方式。这种摊铺机具有工作可靠、维修方便、传动效率高、制造成本低等优点，但其传动装置复杂，操作不方便，调速性和速度匹配性较差。

4) 按熨平板的延伸方式，摊铺机分为机械加长式和液压伸缩式两种。机械加长式熨平板是用螺栓把基本熨平板和若干加长熨平板组装成所需作业宽度的熨平板。其结构简单、整体刚度好、分料螺旋（亦采用机械加长）贯穿整个摊铺槽，使布料均匀。因而大型和超大型摊铺机一般采用机械加长式熨平板，最大摊铺宽度可达 8000~12500mm。

液压伸缩式熨平板靠液压缸伸缩无级调整其长度，使熨平板达到要求的摊铺宽度。这种熨平板调整方便省力，在摊铺宽度变化的路段施工更显示其优越性。但与机械加长式熨平板相比其整体刚性较差，调整不当时，基本熨平板和可伸缩熨平板间易产生铺层高差，可能造成混合料不均而影响摊铺质量。因而，其最大摊铺宽度不超过 8000mm。

5) 按熨平板的加热方式，分为电加热、液化石油气加热和燃油加热三种形式。电加热由专用发电机产生的电能来加热，这种加热方式加热均匀、使用方便、无污染，熨平板和振捣梁受热变形较小。液化石油气（主要用丙烷气）加热的加热方式结构简单，使用方便，但火焰加热欠均匀，污染环境，不安全，且燃气喷嘴需经常清洗。燃油（主要指轻柴油）加热装置主要由小型燃油泵、喷油嘴、自动点火控制器和小型鼓风机等组成，其优点是可以用于各种工况，操作较方便，燃料易解决，但和燃气加热同样有污染，且结构较复杂。

3. 总体结构

沥青混凝土摊铺机规格型号较多，其主要结构如图 1-11 所示，一般由发动机、传动系统、料斗、刮板输送器、螺旋分料器、操纵控制系统、行走系统、熨平装置和自动调平装置等组成。

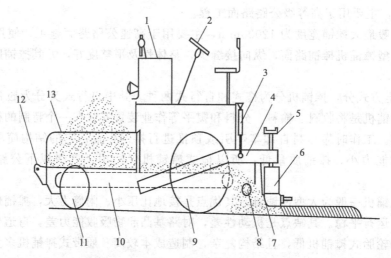

图 1-11 沥青混凝土摊铺机结构示意图
1—控制台；2—方向盘；3—悬挂油缸；4—牵引架；5—熨平器调整螺旋；
6—熨平器；7—振捣器；8—螺旋摊铺器；9—驱动轮；10—刮板输送器；
11—方向轮；12—摊辊；13—料斗

二、水泥混凝土摊铺机

1. 用途

水泥混凝土摊铺机（见图 1-12）是用来将符合工程技术规范要求和摊铺机技术要求的

水泥混凝土均匀地摊铺在已修整好的基层上，经振实、抹平等连续作业程序，铺筑成符合设计标准要求的水泥混凝土面层的设备。水泥混凝土摊铺机已广泛应用于公路、城市道路、机场、港口以及水库坝面等水泥混凝土面层的铺筑施工中。

图 1-12　水泥混凝土摊铺机

由于水泥混凝土路面具有较高的抗压、抗弯、抗磨耗能力，以及较好的水稳定性、热稳定性、较强的抗侵蚀性等优点，已越来越广泛地应用于高等级公路的修建中。因此能够保证水泥混凝土路面施工质量和施工进度，技术水平先进、性能优良的水泥混凝土摊铺机，被越来越广泛地应用于高等级公路的水泥混凝土路面工程施工中。

2. 分类、特点及适用范围

水泥混凝土摊铺机的分类方法较多，按照行走方式不同，可将水泥混凝土摊铺机分为两大类：一类是轨道式摊铺机、另一类是履带式摊铺机。轨道式摊铺机，采用固定轨道和固定模板进行摊铺作业，因此又叫做定模式摊铺机。而履带式摊铺机，采用随机滑动模板进行摊铺施工作业，因此又叫做滑模式摊铺机。

滑模式水泥混凝土摊铺机具有自动化程度高，可实现自动找平、自动转向、自动提速等自动控制，可一次成型完成各道施工工序等优点，目前在高等级公路路面工程、城市道路、机场等施工工程中使用普遍。

滑模式水泥混凝土摊铺机的种类较多。按履带的数目不同，可分为四履带、三履带和两履带式摊铺机。按摊铺工序不同，可以分为两种类型：一种是内部振动器在布料器之下，如美国 COMACO 公司生产的 GP 系列滑模式摊铺机；另一种是内部振动器在布料器之后，如美国 CMI 公司生产的 SF 系列滑模式摊铺机。另外，按自动调平系统形式不同可分为电液自动调平摊铺机和机液自动调平摊铺机两类。按内部振动器形式不同又可分为电动振动式和液压振动式两类。

3. 整体结构

普通滑模式摊铺机主要由机架、动力及传动系统、控制系统、行走系统、转向系统、调平系统、工作装置和附属装置等部分组成。

三、沥青洒布机

1. 用途

沥青洒布机如图 1-13 所示。在采用沥青贯入法表面处治，透层、黏层、混合料就地拌和沥青稳定土等施工养护工程中，沥青洒布机用来喷洒各种液态沥青材料（包括热态沥青、乳化沥青）。

图 1-13 沥青洒布机

大容量的沥青洒布车在工程中也可作为沥青和乳化沥青等的运载工具。沥青洒布机在公路、城市道路、机场、港口码头、水库工程等工程中被广泛应用。

2. 分类、特点及适用范围

沥青洒布机可以根据其沥青容量、移动形式、喷洒方式及沥青泵的驱动方式进行分类。

根据沥青贮箱容量，沥青洒布机可分为小型（容量小于1500L）、中型（容量1500～3000L）、大型（容量大于3000L）三种。

根据移动形式，沥青洒布机可分为手推式、拖运式和自行式三种。

其中自行式沥青洒布机是现在常用的一种沥青洒布机，有车载型和专用型两种，其特点是将沥青储存箱及洒布系统都装置在同一辆汽车底盘上，具有加热、保温、洒布、回收及循环等多种功能。其沥青储存箱容量一般大于1500L。沥青洒布量可以进行调节控制。自行式沥青洒布机由于洒布质量好、工作效率高、机动性好等优点，目前广泛地使用在黑色路面工程中。

根据喷洒方式，沥青洒布机可分为泵压喷洒和气压喷洒两种形式。

泵压式沥青洒布机是利用齿轮式沥青泵等把液态热沥青从储存箱内吸出，并以一定的压力输送到洒布管并喷洒到地面上。泵压喷洒式沥青洒布机具有以下功能：在沥青库自行灌装沥青，利用沥青泵将库内沥青输入其他容器，储存箱内沥青可在循环中被加热到工作温度。

气压式沥青洒布机是利用空气压力使沥青经洒布管进行喷洒作业。气压式沥青洒布机的一大优点是在作业结束时，可将管路中的残留沥青吹洗干净。

根据沥青泵的驱动方式，沥青洒布机可分为汽车发动机直接驱动和独立发动机驱动两种形式。

3. 主要结构与工作原理。

如图1-14所示，沥青洒布机主要由保温沥青箱、加热系统、传动系统、循环洒布系统、操纵机构及检查、计量仪表等部件组成。沥青洒布机的主要工作原理：由沥青泵从沥青融化池中将热沥青吸入储存箱中，运输到工地现场，通过加热系统将沥青加热到工作温度，操纵控制机构，开启喷洒阀门，通过洒布管、喷嘴，由沥青泵将沥青按一定的洒布率及一定的洒布压力喷洒到路面上。作业结束后，即操纵沥青泵反向运转，将循环管路中的残留沥青吸送到沥青箱中。

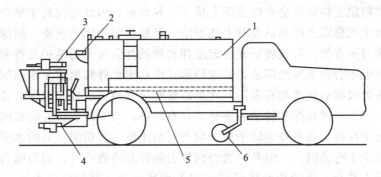

图 1-14 沥青洒布机结构示意图

1—沥青箱；2—操纵机构；3—动力及传动装置；4—洒布系统；5—加热火管；6—第五车轮测速仪

四、稳定土拌和机

1. 用途

稳定土拌和机如图 1-15 所示，它是一种在工程施工现场直接将稳定剂与土壤或砂石均匀拌和的专用自行式工程建设机械。以公路工程为例，在高等级公路施工中，稳定土拌和机用于修筑路面的底基层，在中、低等级公路施工中，用于修筑路面的基层或面层，还用于处理软化路基。稳定土拌和机在港口码头、停车场、机场和其他基础工程中也得到了广泛的应用。稳定土拌机安装铣刨转子后还可用来铣刨旧沥青混凝土路面。稳定土拌和机不仅可以节约施工成本，加快工程进度，而且可以保证工程建设质量。

图 1-15 稳定土拌和机

2. 分类

根据结构和作业特点，稳定土拌和机可作如下分类：

1) 按行走机构的结构形式，分为履带式和轮胎式。
2) 按转子和行走机构的驱动方式，分为液压驱动式、机械驱动式和机械—液压驱动式。
3) 按工作装置在机械上安装位置，分为转子前置式、转子中置式和转子后置式。
4) 按拌和转子旋转方向，分为正转转子式和反转转子式。

3. 主要结构及特点

履带式稳定土拌和机虽然有接地比压小、通过性好、附着性能好的优点，但它的机动性较差，所以目前很少生产和使用。现代稳定土拌和机以轮胎式为主，其轮胎多为宽基低压的越野型，以满足稳定土拌和机在松软土壤上行驶作业时对附着性能的要求。

目前稳定土拌和机以全液压传动为多见，通常行走和转子拌和系统采用液压马达驱动。

前置转子式稳定土拌和机会在作业面上留下车轮印迹，因此它仅见于早期生产的稳定土拌和机。中置转子式稳定土拌和机没有上述缺陷，且整机结构比较紧凑，但保养、修理拌和转子及更换拌和刀不方便。后置转子式稳定土拌和机的拌和转子的维护及拌和刀具的更换较为方便，作业面也不会留下车轮印迹，但这种形式的稳定土拌和机需要在前端增设配重。目前，拌和转子中置式和后置式均有采用，其中后置转子式稳定土拌和机保有量较大。

稳定土拌和机作业时其拌和转子的旋转方向有两种：与车轮旋转方向相同的称为转子正转，反之称为转子反转。前者拌和转子从上向下切削土壤，其切削反力的水平分力与机械前进方向一致，减少了行进阻力。但是，当遇到较大的拌和障碍物时，切削阻力增加快，会对拌和转子形成冲击载荷。后者拌和转子由下向上切削土壤，其切削阻力小，且阻力增加平稳，无冲击载荷，更适合于旧沥青路面的翻修作业。

第四节 养护机械

公路养护机械是指在公路保养维修作业过程中使用的机械设备。公路养护的作业内容较为繁杂，某些工作也很繁重，特别是高等级公路，其养护标准高，技术要求严格，单靠原始地用人工劳作的方式来完成养护作业，显然难以适应现代化公路交通运输事业的要求，只有现代化的公路养护方式才能适应。公路养护现代化主要是机械化。养护机械化可以加快工程进度、保证施工质量、代替人力艰苦劳作、降低工程成本。

公路养护机械的分类方法颇多，目前没有统一的规定。

按养护工程性质划分，可分为：小型机械、中型机械、大型及技术改造机械。

按工程项目分类，可分为：路基养护机械、路面养护机械、桥涵养护机械。

按养护作业划分，可分为：清扫机械、铲挖机械、喷洒机械。

从公路养护工程管理角度来看，公路养护机械常见分类细目如下：

1. 日常养护机械

1) 割灌除草机：通常为背携式，动力为 1.5～2kW 的小型汽油机，用于修整草坪和灌木丛。

2) 路面画线机：手推式或自行式，画线宽度 6～8mm，用于公路标志标线的喷涂。

3) 车载升降机：自行式，提升高度一般为 6～8m，用于构造物、公路沿线设施、行道树等的维护修理与修剪。

4) 除雪机：自行式，单程除雪宽度 2.2～3m，用于北方地区冬季道路除雪。

5) 路面清扫车：自行式，清扫宽度 2～3m，用于清扫道路浮尘、杂物。

6) 洒水车：自行式，储水量 4000～6000L，可带喷药装置，用于路面洒水、喷洒灭虫药剂。

7) 多功能养护车：自行式，功率 26～50kW，可按作业需要，配装相应装置，能完成挖掘、挖树坑、挖沟等养护作业。

8) 推土机械或装载机：功率大于 56kW，用于清理塌方、推雪、沥青拌和场材料准备。

9) 水泵：扬程 25～30m，用于清理漏水、渗水、积水及抽取养护作业用水等。

10) 摩托车：三轮，用于公路巡查。

11) 公路巡路车：3～6座，用于公路巡视。

2. 路面面层修复机械

1) 路面破碎机械：自行式，以柴油机为动力，附有液压或气动破碎装置，用于破碎已经破坏需要铲除的坚硬路面。

2) 路面铣削机：自行式，以柴油机为动力，铣削宽度0.5～2.1m、铣削深度0～15cm，用于铣削需要修补的沥青路面。

3) 沥青路面加热机：自行式，以柴油机为动力，用于热铣或铲除油包。

4) 沥青路面综合养护车：汽车底盘，具有破碎、沥青洒布、拌和、压实等功能。

5) 沥青洒布机：拖式的沥青罐储量500～2000L，自行式的沥青罐储量3500～8000L，具有加热和保温功能，喷洒沥青用。

6) 稀浆封层机：封层厚度3～12mm，用于路面封层。

7) 沥青混合料摊铺机：自行式，以柴油机为动力，作业宽度2.5～8m，宽度可调，用来摊铺沥青混合料。

8) 振捣器：电驱动，电动机功率1～1.5kW，用于摊铺后的水泥混凝土振实。

9) 真空吸水机：电驱动，电动机功率0.5～1kW，真空度≥97%，用于水泥混凝土路面快速吸水，提高混凝土强度。

10) 抹平机：叶片直径为500～800mm，用于整平水泥混凝土路面。

11) 切缝机：刀宽2.5～6mm，用于水泥混凝土路面切缝。

12) 灌缝机：用于水泥混凝土路面灌缝。

13) 路缘石成形机：25cm×25cm，用于加工路缘石。

14) 回砂机：自行式，以柴油机为动力，作业宽度1.8～3m，用于碎石路和土路回砂。

15) 石屑撒布机：自行式，用于撒布石屑。

16) 撒砂机：自行式，以柴油机为动力，用于撒布砂料。

17) 砂浆拌和机：拖式，柴油机为动力或电动，生产率7～12m/h，用于拌制灰土砂浆。

18) 砂浆灌注机：电动或液动，用于砂浆浇注。

19) 稳定土拌和机：自行式，以柴油机为动力，作业宽度1.5～2m，用来进行稳定土的拌和。

3. 压实机械

1) 夯实机械：静质量100～200kg，有平板夯和冲击夯两种类型，用于狭窄区域的压实。

2) 静力作用式压路机：自行式，以柴油机为动力，有轻型、中型和重型多种，用于大面积的压实。

3) 轮胎压路机：自行式，以柴油机为动力，机重9～16t，用于沥青路面的压实。

4) 振动压路机：自行式，以柴油机为动力，有全钢轮和钢轮—胶轮铰接式两类，可振动压实，以提高压实效果。

4. 材料准备机械

1) 沥青加热设备：固定式，加热方式有太阳能、远红外线加热装置或导热油锅炉。

2) 沥青储罐：容量800～1500t，用来进行液态沥青的储存与保温。

3) 沥青混合料拌和机：固定式或拖式（10～30t/h），电力驱动，用来拌制铺路沥青混合料。

4）水泥混合料拌和机：固定式（10～25t/h），电力驱动，用来拌制铺路水泥混凝土混合料。

5）沥青路面旧料再生机械：分为厂拌热再生机、就地冷再生机、就地热再生机，用来对沥青路面旧料进行再生处理。

6）碎石机械：生产率8～10t/h，配备凿岩机和空压机，用来进行石料的开采和加工。

7）柴油发电机组：规格为30～75kW，用来给拌和厂提供动力。

5. 装运设备

1）大、中、小型轮式拖拉机或小翻斗车，用于筑路材料的运输。

2）自卸车：载重质量5～10t，用来物料的运输。

3）沥青运输罐车：载重质量5～10t，用于液态沥青的运输。

4）抢险排障车：起吊质量5t，拖力200kN，用于道路排障与抢险。

5）汽车式起重机：起吊质量5～8t，用于道路抢险。

6. 桥隧养护机械

1）钢筋加工机械：被加工钢筋直径6～40mm，具有切断、调直、弯曲等功能，用于钢桥、混凝土桥、隧道等的修理。

2）钢筋对焊机：具有制锯、刨削功能。

3）喷漆机械：用于金属表面油漆的喷涂。

4）吊装设备：起重质量0.5～30t。

5）桥梁检测车：用于桥梁的检测。

6）水泥混凝土泵：用于水泥混凝土的管道输送。

7）水泥混凝土喷射机：用于水泥混凝土的喷洒。

一、清扫机械

1. 概述

随着我国高等级公路建设的飞速发展，公路养护作业现代化已是势在必行。为给交通运输事业的快速发展创造出最佳的经济效益，就必须保证交通顺畅、行车安全、路容美观、路线环境良好。清扫作业是公路养护作业中作业量大而又频繁的作业。清扫机械主要用于清扫和收集道路垃圾。以小型底盘或拖拉机为基础发展的各种悬挂和拖挂式小型清扫机械，行驶速度慢，作业效率低，主要在一般公路或城市街道中使用。在高等级公路上作业的清扫机械应具有足够的行驶速度，作业效率高，技术性能良好，尽可能减少对交通的妨碍。现代清扫机械应具有卓越、可靠的技术性能，其行驶速度快和作业效率高。

自20世纪70年代以来，我国环卫部门已经研制出多种类型的清扫机械，主要用于城市街道的清扫，但其性能不高，效率较低。

近年来，国内已有多个生产厂家研制并开发出多种清扫机械，采用了喷水压式、湿式除尘、吸扫结合的工作方式。此外，有些生产厂家还引进吸收了国外先进清扫机械工作装置的生产技术，大大提高了国产清扫机械的技术性能。

国外清扫机械已经经历了几十年的发展历程，产品经过了几代的改进与完善，在工作原理、结构形式等方面有许多的优点，工作性能和技术水平较高，值得我们学习和借鉴。

2. 分类、特点及用途

清扫机械按其工作原理的不同可分为吸扫式清扫机和纯扫式清扫机。吸扫式清扫机又可根据其气流的流出方式不同分为开放吸扫式清扫机和循环吸扫式清扫机。

(1) 清扫机械的产品型号与标注方法

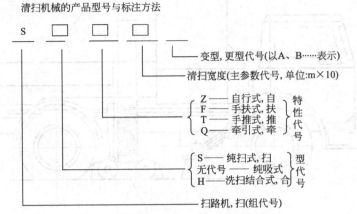

例如：SHZ20型，表示清扫宽度为2m的自行吸扫结合式扫路机

(2) 吸扫式清扫机　吸扫式清扫机是用风机使吸口处产生一定的真空度，用以吸收由侧盘刷和水平柱刷带来的垃圾。

1) 开放吸扫式清扫机。图1-16为开放吸扫式清扫机的结构简图。该机械由自行式底盘、副发动机、风机、垃圾箱、水箱、侧盘刷、水平柱刷、吸口、排风口等组成。

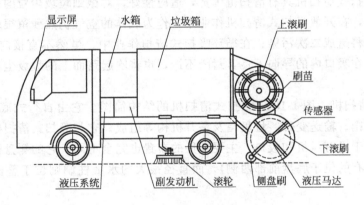

图1-16　开放吸式道路清扫机

开放吸扫式清扫机的工作过程是：首先选择左侧或者右侧作业方式，将相应的侧盘刷和水平柱刷按作业方式要求置于工作状态，侧盘刷和水平柱刷在底盘行进过程中配合作业，将垃圾侧横向抛射至吸口前方，形成一条垃圾带。当吸口经过其前方的垃圾带时，将垃圾尘粒吸入吸管，输送到垃圾箱内。垃圾尘粒在进入吸口经过垃圾箱的过程中，要经历几次除尘处理，将垃圾尘粒阻留在垃圾箱内，除尘后的载体空气从出风口排出。

2) 循环吸扫式清扫机。图1-17为循环吸扫式清扫机的结构简图。它与开放吸扫式清扫机的区别是没有水平柱刷和向上通入大气的出气口。循环吸扫式清扫机的正下方有一个与底盘宽度尺寸基本相当的宽吸口，它取代了开放吸扫式清扫机下部的一个水平柱刷和两个较窄的吸口。宽吸口中不仅有向上吸取尘粒的吸管，还有向下吹起的吹管。空气由吸管吸入，经过除尘分离后重新送入吹管吹出，形成空气的循环流动，空气作为载体将路面上的垃圾尘粒送进垃圾箱再回到下面继续工作。

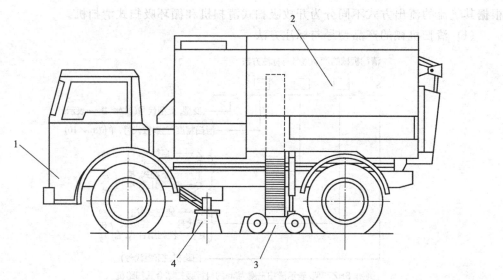

图 1-17 循环吸扫式清扫机

1—底盘；2—垃圾箱；3—宽吸口；4—侧盘刷

吸扫式清扫机通常具有可伸到基础车体以外的侧盘刷或刷柱以及吸口。侧盘刷用于将路缘、边角、护栏下的垃圾输送、集中到吸口前方，利用空气动力通过吸口将垃圾捡拾和输送到垃圾箱中。吸扫式清扫机具有清扫范围宽，适应性好，对微细垃圾尘粒的捡拾、输送效果好等特点。但是，在开放吸扫式清扫机作业中，作为载体的空气仍然残留很多垃圾尘粒，尤其是微细尘粒，将造成二次污染；在循环吸扫式清扫作业中，虽然不直接向大气排放空气，但如果循环空气在吸口内的导向不良，封闭不严，也将吹起路面上的垃圾尘粒，同样会造成二次污染。

3）纯扫式清扫机。图 1-18 为纯扫式清扫机的结构简图。它由自行式底盘、副发动机、侧盘刷、水平柱刷、输送变带、垃圾箱及举升机构等组成。它与吸扫式清扫机相比，在结构上的主要差别在于没有风机和吸口，主要部件的布置也完全不同。它的侧盘刷仍然位于车辆中部车架两侧（有的位于底盘前部两侧），而直径很大的水平柱刷则位于整机的后部，输送

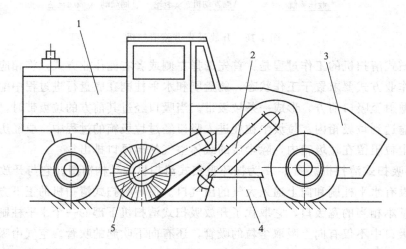

图 1-18 纯扫式清扫机

1—副发动机；2—输送带；3—垃圾箱；4—侧盘刷；5—水平柱刷

带置于柱刷前方倾斜向上，前伸至位于中部的垃圾箱内。垃圾箱不能向后倾卸，而是借助于举升机构向某一侧或前方倾卸。清扫系统的副发动机和液压装置都布置在整机的后部，全部动作由液压或气压操作。副发动机直接驱动液压泵，使动力传递非常简便。纯扫式清扫机具有消耗功率小、工作噪声小等特点。

纯扫式清扫机械清扫范围宽，适应性好，但对于微细尘粒的除净效率较低，一般用于人口稠密市区、街道以及大颗粒块状垃圾为主的场合使用。

清扫机械按其行走系统的动力来源，可以分为自行式清扫机和牵引拖挂式清扫机。

自行式清扫机的行走系统依靠自身装备的动力源驱动行走，具有良好的整体性、独立性和机动性，行驶速度快；作业范围大，工作效率高。自行式清扫机通常采用汽车底盘或其他工作机械底盘为基础。为了进一步提高其性能，要对通用汽车底盘作必要的改造，如加装左、右两套行驶转向操纵系统等。通常清扫机的行驶与作业装置的动力彼此独立，便于控制和调整，使两个系统都处在最佳状态，以达到最佳的清扫效果。

自行式清扫机械特别适合于高等级公路的清扫作业。

牵引拖挂式清扫机是利用其他行走机械或人力推动、牵引行走的清扫机。

3. 使用与管理

为了正确合理地使用清扫机械，保证清扫机械的使用性能，减少故障，提高作业效率，延长设备使用寿命，防止事故发生，避免人员伤亡，在使用设备之前，必须仔细阅读使用说明书，严格遵守操作规程。

(1) 做好使用前的准备工作

1) 检查发动机和副发动机的润滑油及冷却液；检查空气滤清器的堵塞情况；检查齿轮箱润滑油的液面；冷却风扇驱动带的张紧状况；节气门控制是否正常；有无漏水漏油现象。

2) 检查液压油箱的液面；液压系统有无漏油现象。

3) 检查喷水系统的吸水过滤器是否清洁；水阀通断是否正常；水泵驱动带紧张状况；有无漏水现象。

4) 检查吸扫系统所有摩擦件（扫刷、吸口、耐磨衬板等）的工作状态；风机是否干净，是否转动自如。

(2) 保证工作装置的最佳状态

使工作装置处于最佳状态是保证清扫效果、提高作业效率的关键措施。要仔细阅读清扫机的使用说明书，掌握各种装置的结构和工作原理、要求的理想状态以及达到理想状态的具体调整方法。

1) 保证侧盘刷接地方位正确和水平柱刷两端接地压力相等。清扫机侧盘刷的结构设计能够保证其具有三个自由度的可调性，能够调出侧盘刷的最佳接地方位。水平柱刷两端有两个汽压缸悬挂，若两个汽压缸调压阀的调定压力不等，柱刷两端的接地压力就不等，这将造成两端扫除效果不相同，刷毛磨损不平衡等问题。

2) 保证吸口的最佳离地间隙。实验及工程实践证明，对密度比较大的垃圾尘粒，吸口的离地间隙应小一些，对于轻质垃圾、树叶、纸屑等，特别当数量比较大时，吸口的离地间隙应大一些。通常，开放吸扫式清扫机的吸口后沿距路面的高度间隙尤为重要，应始终保持在 6～10mm 之间，吸口前沿距路面的高度间隙以 35～40mm 为宜。

3) 保证喷水雾化效果和适当的喷水量。要按照清扫机械的使用说明书，根据路面垃圾状况选择适当的喷水量，并保证雾化效果。

(3) 使用清扫机械的注意事项

1) 箱体举升时,必须撑起安全支架。
2) 底盘气压不足时,不准启动副发动机。
3) 储水箱无水、液压油箱无油时,不准启动副发动机。
4) 车辆左右倾斜时不准升起箱体。
5) 箱体升起时,车辆不准驱动。
6) 清扫机作业时,要打开警告灯,提醒后方驶来车辆的驾驶员注意。
7) 吸扫装置处于工作位置时,禁止倒车。
8) 对紧附在路面上的垃圾,需打开功能开关,增大侧盘刷对地面的压力进行清扫。
9) 遇有较大块状垃圾时,需打开功能开关,这时吸口前部抬起,可将其吸入。
10) 作业中,遇有吸口不能吸入的物体(如纸箱、木板、钢筋等)时应停车将这些物体捡起。
11) 清扫车在作业过程中,如过载警告灯亮(或警告喇叭响),表明垃圾储存箱已满载。这时,应将清扫刷和吸口收回在锁紧位置,关闭副发动机,驶离清扫路段,倾倒垃圾。
12) 卸垃圾时,清扫车必须停在平坦、坚实的地方,严格按照先打开箱门,再倾翻垃圾储存箱的程序来进行。
13) 车辆熄火前,必须使液压油泵取力器处于断开状态。

二、清洗机械

(一) 洒水车

1. 概述

依据公路工程建设、公路养护及环境保护等作业需要,洒水车已被列入必不可少的施工养护机械行列。洒水车是用于工程建设、公路养护及环境保护等吸洒水的专用车辆,也可用于生活供水、浇灌等,在稍加改造后亦可用于应急消防高压喷水和喷洒农药等绿化管理工作。冬季,在洒水车上装上犁形除雪装置,则变成扫雪车。随着公路建设的发展,公路施及养护作业等对洒水车不断提出新的要求,如前喷、后喷、自流浇灌、冲洗路面、绿化等多种功能,洒水功能的增加,扩大了洒水车的使用范围。洒水车主要用于对作业对象进行降尘、降温和增湿,保护环境的清洁和美观。

我国第一台洒水车是1967年由交通部第一公路工程局修配厂用CA-10B型解放汽车底盘改装成功的,随后,洒水车有了较快的发展。据统计,到20世纪90年代中期,全国已有30多个厂家生产出了近80种不同车型的洒水车,各厂家生产的洒水车载水量为2000~10000kg,其中利用解放、东风汽车底盘制造的5000kg级洒水车最为普遍,约占总数的60%。目前随着工程量的增加,洒水车有向大吨位发展的趋势。交通部第一公路工程总公司施工机械厂已研制成功YGJ5101GSSCA型多功能洒水车。虽然使用大吨位的洒水车单位一次性投资较大,但在使用中,从工程使用性、人员、燃料、维修保管等诸多因素综合考虑,可降低使用成本。

国内各洒水车生产厂的产品和规格基本相同,由于生产规模小、工艺装备制造水平低,与国外同类产品相比有较大的差距。随着国家汽车产业政策的实施,国家将加强对洒水车的认证管理,加上企业的重视和产品的不断更新发展,国产洒水车的性能和质量将不断提高。

2. 分类与应用

洒水车是带有储水容器和进行喷洒作业的罐式汽车,是以汽车底盘、载重半挂和载重拖车为基础车建造而成。按结构类型区分,可分为车载式和半挂式两种。车载式洒水车的结构特点是将水罐等各专用装置直接安装在汽车的底盘上,一般都利用汽车的底盘进行改装,合理的改装不会影响汽车的原有性能,因此,车载式洒水车具有和载重汽车相同的性能;半挂式洒水车利用汽车作牵引动力,将水罐制成半挂式结构,其载质量在相同的条件下可增大一倍左右,但因增加了一根半挂轴,相应增加了整车长度,其机动性和运输条件略低于车载式洒水车,半挂式洒水车适合于用水量大及道路较好的场合。

按洒水功能区分,有前喷、后喷和前后喷三种喷水方式:

车前洒水,驾乘人员能及时观察洒水情况,以便随时进行调节、控制。但洒水后由于路面潮湿,路面的附着系数降低,洒水车的制动性能下降。

车后洒水,驾乘人员无法直接观察洒水情况,必须通过安装在驾驶室内的集中信号装置显示洒水情况,并进行相应调整与控制。车后洒水对车辆的制动性能无影响。

车前车后同时洒水,它综合了前两种形式的优点。洒水作业时前洒水喷洒车辆两旁的路面,车辆宽度范围内的路面由车后洒水喷洒。该种形式洒水幅宽、洒水效率高、效果好。

3. 主要结构及工作原理

洒水车是以汽车底盘作为基础车。其工作装置由水罐总成、传动总成、管路总成和操作系统组成。洒水车外形图及结构示意图如图1-19所示。

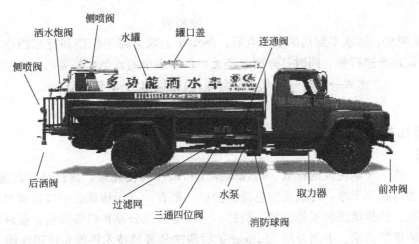

图 1-19 洒水车结构图

(1) 洒水车的工作装置

1) 水罐总成。水罐总成由罐身、支撑腿、罐口及盖以及隔仓装置等组成。水罐用钢板焊制,罐身断面形状可做成椭圆形、矩形、圆形。支撑腿可分为整体式底架和分置式底架两种。分置式底架又可分为纵梁分置式、独立支腿式两种。水罐上设置有罐口,以便于操作人员进入罐内进行维修。为了防止洒水车在高速行驶时罐内水的冲击晃动,罐内必须设置隔仓结构,并加纵向防波板。此外,罐口盖上还应有透气孔。

2) 传动总成及水泵。传动总成由动力装置、减速或增速装置、传动轴等组成,它们将动力传给水泵,并用以满足水泵的转速和旋转方向要求。系统的动力可以采用附加内燃机或电动机,但常见的是从汽车的变速器加装取力器引出动力。水泵可选用离心泵或自吸式水泵。如果使用离心式水泵，在每次使用前，需加引水后才能正常作业。

3）管路总成。管路总成具有将水吸入罐内或罐内的水进行喷洒的传导功能。吸水管通常由橡胶管和钢管组成。洒水管由主管、阀门、喷头等组成。主管一般用钢管制成。喷头分为固定喷头或活动喷头两种，其中，固定喷头喷出水的流向和洒水密度是一定的；活动喷头喷出的水流向和洒水密度在较大范围内可任意调整。

4）操纵系统。操纵系统由取力器挂挡操纵和吸水、洒水操纵两部分组成。操纵方式有气压操纵和手动操纵两种。手动操纵系统包括：挂挡机构、操纵杆、定位机构和传动机构等，吸水、洒水系统最常用的是气压操纵形式，气压操纵系统包括：控制阀、气管路和执行机构等，由控制阀通过气管控制执行机构的动作，以决定水的流向，从而达到吸洒水的目的。

5）辅助装置。洒水车的辅助装置包括前置的除雪铲和钢丝毛或合成毛圆柱刷。在国外某些型号的洒水车上，备有斜置的集水闸板，以改善强力污脏表面的冲洗质量，减少单位耗水量。另外，还备有绿化洒水装置及灭火装置。

(2) 洒水车的工作状态　洒水车的工作状态有停车吸水和行车洒水两种。

1）停车吸水。将洒水车停至靠近水源处，连接好吸水软管，如水泵为离心泵时，则需加够引水，此时将取力器挂于工作挡，保证水泵以正常转速运转，同时打开吸水开关，将水泵入水罐内。其过程是：

水源→吸水管→水泵→分配阀(执行机构)→水管→水罐
　　　　　　　　　　　　↑
　　　　　　　　　　　控制阀

2）行车洒水。洒水车到达洒水地点后，停车挂上取力器工作挡和行车挡位，然后操纵离合器等按设定车速行驶，同时打开洒水开关，将水罐中的水洒向需要的地方。其过程是：

水罐→水管→水泵→分配阀(执行机构)→水管→喷头
　　　　　　　　　　　↑
　　　　　　　　　　控制阀

(二) 护栏清洗车

1. 概述

公路上，由于车辆废气的排放、运煤车掉煤和风沙的侵蚀等，使得路面设施如防护栏、导向桩、标志牌很不干净，特别是白色防撞护栏，稍有一点污物就会明显暴露出来，影响公路的路容路貌。护栏清洗装置能方便、快捷、干净地清洗公路护栏等设施，很好地满足公路护栏等设施的保洁需求。下面介绍 Muticar 护栏清洗装置的技术性能和使用性能。

2. Muticar 护栏清洗装置的技术性能

RPS-H 型护栏清洗装置适用于清洗防撞护栏、导向桩及标志牌。该装置采用全液压驱动，安装在 Muticar 主机上，通过手动或自动控制系统进行操作。液压马达直接驱动刷子转动，其转向及转速可以调节。刷子的喷水来自主机后的水箱，通过高压泵泵入水管中，再由喷嘴喷出。

性能特点：

1）清洗作业时，其清洗装置的所有动作均可在驾驶室内的智能控制盘上操作，必要时可用手动操作。

2）清洗非常灵活，刷子可以上下、左右、前后任意移动。刷子的转速、转向可以调节。刷子能靠近地面的清洗部位，但不与地面接触。

3) 清洗装置可靠性良好。刷子遇到障碍物时，会自动上升越过障碍物。刷子可以根据负荷的变化，自动调整转速，负荷越大，转速越慢，但不会烧断熔断丝或死机。

4) 清洗装置如挡住了车灯的正常照明路径，可启用该车配备的附加照明系统。

5) 清洗装置备有 1800L 大容量水箱，水通过高压喷射装置喷射到刷子和护栏上，起到了去尘、降温和冲洗的效果。

6) 刷子的刷毛是用抗高温树脂做成的，具有耐热、离水、去尘等作用。

3. 保养方法及安全要求

(1) 保养规程

1) 寒冷天气有霜冻危险时，用压缩空气排除水泵及供水系统内的水。

2) 应时刻检查清洗水滤及喷水嘴。

3) 及时用漆喷刷机器上的刮伤部分。

4) 检查插座及螺纹连接部分。

5) 每隔 5 年更换一次液压管路。

6) 当拆卸机器时，应当清洗所有连接插头（液压管接头、电插座等）。

(2) 安全技术要求

1) 只有将机器停在坚固平坦路面上，确保液压电动机及控制系统处于关闭状态时，才可进行维修工作。

2) 维修前要对液压元件进行减压，同时检查是否有泄漏、连接处松动及其他损坏。

3) 任何时候，不允许有人站在机器与装置之间。

4) 液压软管的拆、装前提是系统进行减压。

5) 打开操作盘或更换熔断丝时，应先稳定所有插头。

6) 当控制盘处于开启状态时，不允许把电池连到输出板上。

7) 控制盘要防潮、防热。

8) 不用操作盘时要放回包装盒里。

9) 运输过程中，应关掉工作装置，动臂 1 水平提起，动臂 2 彻底收回，刷子处于水平位置。为了增加离地间隔，刷子应当竖向（折叠打开液压马达支架上的竖向转轴，刷子可竖向折叠）放置。

10) 工作过程中，刷子 1.5m 范围内不许有人。

三、排障车

1. 概述

(1) 功能用途及工作对象　排障车（见图 1-20）系公路交通工程的重要装备之一。排障车的功能是将公路和城市道路上发生故障而不能行驶的车辆、发生肇事而损坏的车辆以及违章停放的车辆拖运移离现场，排除路障，疏通交通，以确保车辆正常运行，避免重复肇事。

(2) 国外水平及发展趋势　在一些发达国家，随着公路运输的突飞猛进，排障车的生产发展到较高水平，已形成系列产品，在公路和城市道路的交通管理中广泛应用。

目前，发达国家排障车总的水平可归纳为以下几点：

1) 底盘专用。排障车的底盘均采用适合其工作特点的专用底盘，对于大型排障车，其专用底盘为三桥型。

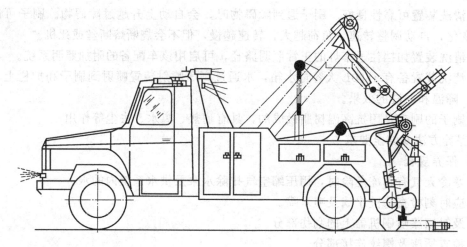

图 1-20　排障车

2）功能齐全。一般的排障车都具有拖举、起吊（拖拽）和牵引等多种功能，可妥善处理各种状态的肇事车辆。

3）工作能力大。目前静态最大托举能力可达 250kN（托臂伸至 1300mm 时），托臂伸至最长的 2800mm 时，也可达到 160kN；最大起吊能力为 200kN；最大牵引力已达 300kN。

4）操作方式先进。传动和操作均系全液压，并设有远距离的电液控制装置，可确保安全作业。由于发达国家的公路条件好，并行路线多，平均车速高，货车吨位大，另外交通及通信设备先进，因此，为了提高排障效率，排障车正向着专业化和大型化方向发展。

（3）国内水平及发展方向

我国第一台排障车诞生于 1991 年，它是随着公路建设的发展，交通工程的需要，在吸收国外先进技术的基础上，结合我国国情研制成功的。

目前，我国已有许多厂家生产排障车，满足着日益增长的市场需求。但是，国内生产的排障车均为多功能的中小类型的机种，其底盘均采用双桥型通用底盘。国产的排障车的综合性能与发达国家相比，还存在不少差距。

随着我国公路运输事业的发展，特别是重型车辆的不断增加，大型化以及与之适合的专用底盘将是我国排障车生产的发展方向。

2. 分类、特点及适用范围

排障车的分类、特点及适用范围见表 1-7。

表 1-7　排障车的分类、特点及适用范围

分类形式	分类	特点及适用范围
作用功能	专用型	仅具有某一作业功能，如前桥托盘车、斜盘载运车等。工作效率高，但要满足各种状态排障要求系列配套，耗资较大，且利用率低，国内很少使用
	综合型	具有托举、起吊（拖曳）、牵引等多种功能，使用于不同状态的排障作业，可实现一机多用，利用率高，目前国内普遍使用
作业能力	小型	托举能力<2t，适用于小中型客车和轻型载货车排障
	中型	托举能力 2~5t，适用于大型客车和中型载货车排障
	大型	托举能力 5~10t，适用于大型载货车排障
	超大型	托举能力>10t，适用于特大型载货车排障

3. 使用与管理

排障车是维护交通安全畅通的设备。在使用过程中不仅需要保证操作者的安全，还要保证肇事车辆的安全，防止肇事车辆的二次破坏。所以排障车的使用与维护是很重要的问题。

(1) 安全

汽车熄火或被撞坏并不意味着危险的结束，排障车若操作不当，不仅危及操作者的安全，而且会危及周围其他人的安全，所以要求操作人员技术熟练，反应快捷。操作人员需对现场全面了解，然后才能安全、高效地完成排障任务。对于操作人员来说，以下几点应牢记：

1) 对设备的排障能力要完全清楚。对超过设备极限排障能力的肇事车辆，应该更换更大型的排障车进行操作。

2) 确切了解排障车托臂在不同伸长位置时的安全排障能力。

3) 经常对设备进行检查，如检查钢丝绳、铁链和其他牵引设备的磨损情况，对损坏的设备及时进行更换和修理。

4) 不应使设备超载，超载仅限于极特殊的情况，并同时减慢车速。

5) 当拖拽作业时，人员远离钢丝绳，防止钢丝折断后弹抛伤人。

6) 起吊作业时，严禁在起吊的损坏车辆上工作。

7) 对装有可燃汽油或易爆化学品的已损坏的车辆，先不要靠近。应先对这类物品进行排障操作。

(2) 操作

排障工艺因现场情况的不同而不同。对于前桥或后桥损坏的车辆，又因车型的不同，排障工艺可分为钢叉支承法和固定车轮法。

1) 对于载货汽车和大型客车。由于载货汽车和大型客车的前轴荷（后轴荷）很大，为了缩短托举上述车辆可采用钢叉支承法。操作步骤如下：

① 将托臂翻转下来，并将托臂接近路面。
② 伸长托臂。
③ 取下叉头紧固销。
④ 将横梁插入叉头，装上横梁紧固销。
⑤ 取下止动销。
⑥ 装上钢叉插头。
⑦ 将支承钢叉插入钢叉插头。
⑧ 安装止动销。
⑨ 将支承钢叉对中车架的纵梁。
⑩ 将叉头紧固销插入销孔。
⑪ 将举升臂升高，使被托车辆前桥（或后桥）离开路面一定高度。
⑫ 将损坏车辆托走。

2) 对于轻型客车和轻型越野车。对于轻型客车、轻型越野车可采用固定车轮法。操作步骤如下：

① 将托臂翻转下来，并将托臂接近路面。
② 取下叉头紧固销。
③ 将加长梁一端插入横梁，用紧固销固定，另一端插入车轮托架插头，用紧固销固定。
④ 将托臂伸长，使车轮托架插头接触到轮胎前部。

⑤ 将车轮托架插入托架插头，用弹簧销紧固，用锁紧带将车轮缚系好。

⑥ 将叉头紧固销插入销孔。

⑦ 将举升臂升高，使被托车辆轮胎离开地面一定高度。

⑧ 将损坏车辆拖走。

3) 对于翻车或掉入边沟的车辆。对于翻车或掉入边沟的车辆的排障，首先利用排障车的起吊和牵引功能，将车扶正或拖拽至路面，然后再进行其他排障操作。

(3) 维护

1) 日检。

① 对牵引机构和举升机构进行检查，修理或更换损坏的部件。

② 检查液压系统是否漏油。若油箱液面降低，说明系统漏油，应检查密封件，并及时更换已损坏的密封件。

③ 用油脂润滑横梁上的销轴。

2) 月检。

① 进行日检工作。

② 将所有铰接处的销和能够伸缩的托臂、举升臂及支腿润滑。

③ 将所有松动的螺栓及管接头拧紧。

④ 拽出钢丝绳，检查是否有断线、缠线或其他损坏。清除钢丝绳上的灰尘，用浸有齿轮油的抹布擦拭钢丝绳，然后将钢丝绳盘绕起来。

⑤ 检查所有的附具，如有损坏及时修理。

四、除雪机械

1. 概述

除雪机械是用来清除道路积雪和结冰的专用机械，是寒冷积雪地区公路、城市道路、机场等养护部门必备的冬季养护机械。

目前世界各国普遍采用的除雪方法有两种，即融解法和机械法。

融解法是依靠热能作用或撒布化学药剂使冰雪融化的方法，可供利用的热源有：电热、地热、天然气、蒸汽、发动机的排气等。可以用来融解冰雪的化学药剂主要有氯化物及尿素等。使用融解法除雪，除所需的费用较高外，还容易对道路周围环境造成污染，在气温过低时将失去作用，因此其使用范围受到一定的限制。

机械法是通过机械对道路上的冰雪直接作用使其去除，以消除冰雪危害的方法，此方法除雪速度快，应用范围广。

国外发达国家除雪机的品种规格较为齐全。近年来，由于社会对冬季道路养护提出的更高要求，各类除雪机的保有量在发达国家迅速增长，在性能方面朝着自动化和一机多能方面发展。一些大型专用除雪机械已开始开发使用，现已能生产出超大功率的旋转除雪机，并不断提高机械的作业安全性和操作舒适性，其主要发展趋势有以下几个方面：

1) 开发高性能专用底盘，普遍采用液力变矩器、动力换挡装置和全自动电液控制系统。可在除雪工作时实现自动变速换挡功能，使作业速度自动适应除雪作业的负荷变化，不仅减轻了驾驶员的负担，还能保证高速除雪的要求。

2) 开发多功能的除雪车。如在除雪车上搭载抛雪装置、高雪堤处理装置、药剂撒布装置等多种作业装置，以提高作业效率和减少更换除雪装置的时间。

我国对除雪机械的开发生产起步较晚。20世纪70年代前有些厂家和公路部门虽研制过一些样机，但未能推广；到了20世纪80年代中期转子除雪机研制成功；20世纪80年代后期，除雪机发展速度有所提高，但规格品种较少，主要以拖挂顶推式、螺旋转子式除雪机为主。最近几年，一些厂家参照国外先进技术，已研制出了适合我国除雪作业急需的犁式和转子式除雪机、拖式撒盐机等。但是，与世界先进国家相比，我国除雪机在产品数量及性能等方面差距较大，且远不能适应我国目前的公路除雪需求。

我国北方大部分地区每年都有3~5个月的降雪期，几十万公里的道路存在着清除积雪问题。随着我国经济发展和高等级公路里程的不断增加，除了建立完善的公路与城市积雪雪情的收集、监测、预报系统及综合冬季养护体制外，还必须加强对雪质、雪性的基础研究和防雪理论研究，以开发出适应我国多雪、积雪地带的防雪设施和除雪机械。这是今后发展的主要方向。

2. 分类、特点及用途

（1）多功能除雪车（见图1-21） 多功能除雪平时可用于货物运输，冬季根据需要可在车前加装推雪板、破冰器、前置滚刷，在前后轮之间加装中置滚刷配合前推雪板使用，车厢上可装载撒布器。这种多功能车把可分可合的推雪铲、融雪剂撒布机合为一体，它的最大特点就是机动性。作业中可以将雪抛到树坑中补充缺乏的水资源，另一方面，它还可以让雪迅速搬家，使道路不被扫起的积雪阻挡。功能更强大的多功能除雪车还能感觉到井盖、台阶的存在，在遇到障碍物后它会主动回避。融雪剂撒布机则在推雪铲将厚雪推薄后再均匀地撒上固体融雪剂，再厚的雪也能快速融化。

图1-21 多功能铲雪车

（2）洒水型除雪车（见图1-22） 洒水型除雪车是在原洒水车的基础上，添加了融雪剂箱等装置，使其具有撒布融雪剂功能，从而扩展了产品用途，提高了车辆利用效率。在撒布融雪剂之前，利用水泵形成的高压水流所产生的循环冲击，使融雪剂的稀释浓度可在10min内达到20%以上，从而提高了工作效率。它还可以选装雪铲、护栏清洗刷、升降平台和随车吊等功能装置，成本低，使用方便。

图 1-22 洒水型除雪车

(3) 封闭式清扫垃圾铲雪车（见图 1-23） 它是一种实用新型公共卫生领域用车。公共场所清扫垃圾，冬季可用来铲除积雪。当前城市清扫垃圾，用人工清扫，劳动强度高，工效慢，灰尘飞扬，污染环境。有的用圆盘机清扫垃圾效果不理想，机械容易损坏，成本高，因而不能普遍推广使用。本实用新型车，设计的目的是克服现有技术的不足，提供一种封闭式清扫垃圾，无灰尘飞扬，能净化空气，劳动强度低，工效高，用手推即能清扫垃圾车。它具有构造简单、成本低、易生产、使用轻便等特点。它的基本构造：两轮人力垃圾车的前部安装一个带小轮的塑料清扫箱，里面有扫帚轮，垃圾传送胶带。是城镇、公路交通、厂矿、学校等公共场所理想的用车，有广阔的市场和竞争力。

图 1-23 封闭式清扫垃圾铲雪车

(4) 融雪剂撒布车（见图 1-24） 融雪剂撒布车用来撒布融雪剂或砂粒，根据降雪情况可以随意调节加水量，使积雪迅速融化。它结构简单实用，功能齐全；配套件供应及时，维修保养方便；可精确计量撒布量，干湿撒布可选用；程序化控制灵敏度高，大大降低工人的作业强度和作业风险。

图 1-24 融雪剂撒布车

以上就是常见的几种除雪车,不同省份地区根据路况使用不同的除雪车。从各地的使用情况来看,多功能除雪车、融雪剂撒布车受欢迎程度很高。如在北京,多功能除雪车就发挥着重要的作用,它可以变身成为扫雪车、融雪剂撒布车和滚刷扫雪车,成为扫雪铲冰的主力。

3. 使用与管理

(1) 除雪机械的维护保养　除雪机械是季节性使用机械,不使用时设备要停放在车库内,要严格按照设备的保养手册进行维护保养,冬季使用时主要应注意以下几点:

1) 每天工作结束后,要及时清理工作装置上的雪块、冰碴,尤其是轴承、转子叶片与壳体接触面更应及时清理,以免结冰损坏风扇叶片,引起运转不灵。另外外部壳体部分也要清理,以免结冰损坏机体。

2) 车辆停止时,应待机器晾干后再存放车库,车辆在车库停放时车库内的温度不可太低,以便使液压油温保持在一定范围内,从而保证设备随时可以使用。

3) 设备使用时要选择合适的液压油,不仅要考虑其黏度等级,还必须考虑油液的黏-温特性,以保证设备在良好状态下工作。

(2) 使用时的注意事项　在使用除雪机械时要严格按照使用说明书进行操作,另外还要注意以下几点:

1) 在使用除雪机进行除雪作业时,首先要对工作路段的雪质、雪的厚度、硬度及路面设障情况进行全面调查了解,然后按照具体情况选择除雪机械的机型及型号。

2) 使用前要检查液压管路及连接部位是否有松动、渗漏现象,液压油温是否过低,若不符合要求,要进行预热处理后方可作业。

3) 调整工作装置雪橇及支撑轮,使工作装置底部与路面之间的间隙满足路面不平需求,这个间隙一般为1～2cm较为适宜。

4) 对顶推拖挂式除雪车,要考虑牵引车的抗滑性能及雪雾对驾驶视野的影响,必要时安装防滑链,对犁式除雪车尽量选用平头牵引车。

5) 操作时要动作平稳,工作速度适宜,以免损坏工作装置。

6）要在除雪机械前后适当范围内设立除雪作业标志，以保证作业安全。

五、路面铣削机械

1. 概述

路面铣削机械如图 1-25 所示，它是一种利用装满小块铣刀的滚筒（简称铣刨鼓）旋转对路面进行铣刨的一种高效率的路面修复机械。用它来铣削需要维修的破损路面，对沥青路面和水泥路面均适用，铣削后形成整齐、平坦的铣刨面和齐直的铣刨边界，为重新铺设沥青混合料或混凝土创造条件。修复后新老铺层衔接良好，接缝平齐。另外还可用于变形路面的平整、路面切槽及混凝土路面拉毛等作业。采用路面铣削机可以迅速地去除路面的各种病害，并且剥离均匀，不伤基础，易于重新铺筑；切下来的沥青混合料渣可以用于路面的铺设，如果这些料渣已低于要求，还可以与新的沥青加温搅拌后，再重新铺筑高质量的面层。由于其工作效率高，施工工艺简单，铣削深度易于控制，操作灵活方便，机动性能好，铣削下来的旧料可再生利用，因而被广泛用于路面的维修作业。

图 1-25　路面铣削机械

国外一些发达国家生产的路面铣削机已成系列产品，其生产率一般为 150～2000m^2/h，一次铣削深度为 60～150mm，铣削宽度一般为 30～2000mm；整机结构有轮式和履带式两种；铣削方式绝大多数为冷铣式；铣削转子的驱动绝大多数为机械式；可通过自动找平装置精确地自动控制深度；密闭式转子罩壳和喷淋水装置可减少灰尘的扩散，减少了环境污染；整机设计向着大功率、大质量的方向发展；计算机对铣削机工作装置进行程序管理并诊断，显示故障，机液一体化技术的运用已达到较高的技术水平。归纳起来有以下几个特点：

（1）采用先进合理的底盘结构　铣削机的底盘主要以全刚性车架及四轮行走装置组成，行走驱动及转向方式以静液压传动为主。小型冷铣削机采用后桥驱动、前桥转向的轮胎式结构；中大型铣削机以履带式的为主。整机重心较低，便于运输、行走及工作时可以无级变速，一般自行速度在 10km/h 左右，因此自移动性较强，可较方便地实现工地转移。为考虑工作的适用性，小型铣削机的后轮设计成可摆动式，将后轮从铣削转子外侧摆至铣削转子的前侧，以便使转子可靠近路边台阶铣削。

（2）最佳铣削功率的利用　铣削机上的自动液压功率调节器可根据路面材料的硬度及铣削深度来控制铣削机的进刀速度，即可以自动调节铣削转子转速和机器行走速度，使机器始终处于最大功率利用状态，不会发生超负荷工作情况。

（3）铣削转子　铣削转子是铣削机的主要工作部件，它直接与路面接触，通过其上高速旋转的铣刀头进行工作达到的目的。为达到工作时的平稳性，铣刀头在转子上的布置呈左右螺旋线排布，这有利于铣削材料的回收。铣刀头一般装于铣刀座中，且在座中能自由转动，从而减少铣刀头工作时磨损的不均匀性，铣刀头的拆装也十分便利，一般只需用小锤或铁棒轻轻敲击即可完成。

（4）简便的铣削物装载　铣削机后部挂装集料输送装置即可完成快速收料，并把铣削物直接装入货车，可通过液压机构调整卸料高度，并可使传送带左右摆动各 $40°\sim50°$，从而实现路侧装料。

（5）自动深度控制器　铣削深度由电子自动深度控制器控制，它通过电子传感器将深度变化信号传出并反馈给液压系统，通过液压系统工作来调整铣削转子的铣削深度，精确度可达 $\pm2mm$。

我国于 20 世纪 80 年代开始研制路面铣削机，当时所研制的主要是在拖拉机上加装铣削装置而成的简易式小型冷铣削机，机型结构简单，机动灵活，适用于一般中等强度以下低等级沥青路面的铣削。国产自行式路面铣削机起步较晚，产品性能受配套发动机、液压元件等影响，产品生产效率较低，精确度较差，与国外同类产品相比有较大的差距。随着公路及城市道路的改建、翻修工程对铣削机需求的日益增加，近年来在引进国外先进自行式路面铣削机同时，我国也开始研制生产大功率自行式铣削机。

2. 分类及应用

路面铣削机按用途分为：沥青混凝土铣削机和"路铣"。

沥青混凝土路面铣削机可根据铣削形式、结构特点、铣削宽度进行分类。

按铣削形式可分为：冷铣和热铣。冷铣式铣削指铣削机在常温下直接对路面进行铣削。冷铣式铣削机一般单独施工且使用较为普遍。热铣式铣削机在工作中先用铣削机上附带的加热装置对沥青路面加热，使之强度降低后再铣削，结构复杂且很少单独施工。近年来已将热铣削机与路面再生机械结合，其工作原理和工作装置成为路面再生机械的一部分。

按行走装置形式可分为四轮式和履带式。四轮式机动性能好，但由于轮胎本身承压能力及轮胎与地面附着力的限制，一般只适用于铣削宽度 1.3m 以下的中小型铣削机，适用于较窄路面作业。履带式用于大型铣刨机，适用于铣削宽度 1.5m 以上的大中型铣削机。

按铣削转子旋转方式可分为顺铣式和逆铣式。转子旋向与行走方向相同为顺铣式，反之则为逆铣式。由于逆铣方式的效率及整机稳定性较高，近年来各大中型铣刨机均采用逆铣方式。顺铣式仅在极少数小型简易铣刨机中采用。

按铣削转子的安放位置可分为后悬式、中悬式和与后桥同轴式三种。后悬式即铣削转子悬挂于后桥的尾部，这种悬挂方式大多数出现在早期以拖拉机改装的小型简易铣削机或用路面拌和机扩展功能而形成的简易铣削机中。后桥同轴式即铣削转子在铣刨机两个后轮之间与后桥同轴布置，这种悬挂方式一般用于铣削宽度 1.3m 以下的小型铣削机中，优点是节省空间、结构简单，缺点是因空间布置问题只能配各后置式集料输料传送带。虽然这种形式结构复杂，但作业过程中稳定性好，易于布置集料输料装置，机械传动路线短。现代大中型铣刨机广泛采用这种形式。

按输料传送带的布置可分为前置式和后置式。输料传送带前置指输料传送带位于铣削机前进方向的前端。输料传送带前置的优点是铣削机施工时，载重车不用掉头就可在接料位置就位，沿前进方向缓行从输料传送带接收被铣削的废料，接料后不用掉头就可沿行车方向直接载运，缺点是铣削废料先经过集料传送带装置再输送到输料传送带装置上，结构复杂、制造成本高。后置式输料传送带位于铣削机的后面，优点是可以省去集料传送带装置。缺点是铣削机施工时接料汽车要在施工路段掉头一次并倒车缓行从输料传送带上接料，接料后又要掉头、次正向行驶，否则必须沿施工路段逆行。

根据铣削宽度不同铣削机可分为小型、中型和大型三种。小型铣削机的铣削宽度在 300~800mm，整机功率一般为 25~75kW。中型铣削机铣削宽度 1000~2000mm，整机功率 80~180kW。大型铣削机铣削宽度在 2000mm 以上。

稳定土路面使用的是"路铣"（铣刀式稳定土拌和机），它装备有铣刀型工作机构，是移动式机械，在国外公路（次高级）建设中得到广泛应用。

"路铣"是由基础车、工作机构及计量喷洒系统所组成。可据以下特点进行分类：

按移动方式分：有自行式、拖式、半挂式和悬挂式；

按铣削转子传动方式分：有侧传动式和中央传动式；

按动力传递方式分：有机械式、液力机械式及液压式；

按行走装置形式分：有轮式和履带式；

按铣削转子布置形式分：有后置式和中置式。

按转子驱动动力分：有专用发动机驱动式及基础车发动机驱动式。

3. 使用与管理

使用路面铣削机前认真阅读使用说明书，严格按使用要求操作，是使用好路面铣削机的重要保证：

1）铣削机在使用时应配套好相应的辅助作业机械。有自动收料装置的铣削机只需要配备装料货车，而无自动收料装置的铣削机应另配小型装载机及装料货车。

2）铣削机必须由专人操作。操作人员必须经过严格的技术培训，熟悉整机各系统性能及操作规程，以防发生机械设备故障和人员设备安全事故。

3）在使用前必须对各部件进行空运转试验，在确认各运动件运转正常且无泄漏的情况下方可正常工作。

4）按使用说明书的要求对发动机进行日常维护修养，并注意在正常技术条件下使用。

5）液压系统应保持清洁，注意经常清洗或更换过滤装置，操作时若发现油压不正常，应立即停车检查。一般人员不得随意调整系统的油压。

6）各运转部件应按说明书要求在工作前或工作结束后对其进行润滑保养。

7）工作时，应经常打开护罩，检查铣削鼓上的刀具是否松动，刀头磨损严重或折断时应及时更换。

8）每班工作后，应对整车进行清洗。

9）其他维护保养要求应严格按产品说明书的规定进行。

10）更换铣削机刀具的顺序是：

① 操作总升降手柄，使铣削鼓离开地面。

② 使发动机停止转动。
③ 踏下离合器踏板，使离合器分离。
④ 卸下铣削鼓后罩壳。
⑤ 用冲子和手锤敲好损坏的刀头。
⑥ 装上新刀头，安装好防护罩。

11）铣削机作业时，消耗最快、最多的是铣削刀具。国外铣削机的铣削刀具可根据路面结构有多种选择。如引进德维利亚特公司的 SF500C 型冷铣削机配有四种刀具可供选用。

C1 型：刀具直径 8mm，适用于铣削浅薄的沥青路面和水泥路面。

C3 型：刀具直径 16mm，主要适用于沥青路面的再生和表面粗糙的沥青路面。

CIHD 型：刀具上镶有 12mm 长的刀刃，主要适用于水泥路面的铣削，也适用于沥青路面的铣削。

ESI 型：刀具上镶有长 12mm 的刀刃，主要适用于沥青路面。

国内铣削机使用的刀具还处在研制、开发阶段。目前生产的合金钢刀具只是一种型号，品种还比较单一。

12）铣削机铣削鼓设置在两后轮中间，是为了能使铣削机紧靠路边，完成路边缘的铣削工作，铣削机的左右升降机构，能使右轮可绕伸缩套筒轴线旋转 180°露出铣削鼓，平时右后轮置于外侧位置，用插销固定。当需进行路边缘铣削作业时，操纵左右升降机构，让铣削鼓支撑地面，把后轮提到最大高度，抽出插销用手扳转至右后 180°，并固定好，开动铣削机使铣削鼓靠向路缘石，即可进行路边缘铣削作业。

本章习题

1. 推土机按传动方式如何分类？
2. 简述装载机的用途？
3. 简述挖掘机的用途？

第二章

品牌工程机械概况

【学习目标】

一、学习重点

1. 掌握各品牌工程机械的性能特点；
2. 了解国内外工程机械品牌企业的主要产品。

二、学习难点

掌握同一类别机型不同品牌产品之间的性能差异。

第一节　国内品牌工程机械概况

一、徐州工程机械集团有限公司

1. 企业概况

徐州工程机械集团有限公司（简称徐工集团）位于江苏省徐州市，成立于1989年3月，公司1996年8月上市，是中国工程机械产品品种和系列最齐全、最具竞争力和最具影响力的大型企业集团。

徐工集团主要产品有：工程起重机械、筑路机械、路面及养护机械、压实机械、铲土运输机械、挖掘机械、砼泵机械、铁路施工机械、高空消防设备、特种专用车辆、专用底盘、载重汽车等主机和工程机械基础零部件产品。其中汽车起重机、压路机、摊铺机、高空消防车、平地机、随车起重机、小型工程机械等主机产品和液压件、回转支撑、驱动桥等基础零部件市场占有率名列国内第一。

徐工标志：

2. 主要产品介绍

（1）工程起重机械　包括轮式起重机和履带起重机两大类型及众多型号的产品。

① 轮式起重机（以QY40K型号为例，见图2-1）。主要特点：QY40K汽车起重机采用全头大视野豪华型驾驶室，新型大圆弧、流线型操纵室，整机造型美观；采用五节椭圆形双缸加绳排伸缩主臂和两节副臂，大大提高了整机的作业范围；流线型臂头设计与整车造型风格协调统一，采用新型主、副臂连接方式，方便用户拆装；配置了大功率环保型发动机，提高底盘的动力和通过性能。

② 履带起重机（以QUY50型号为例，见图2-2）。履带起重机是在消化吸收国外的先进技术后，徐工独立研制的液压驱动、全回转、桁架臂式履带起重机，是国内第一个将先导比例技术应用于履带起重机的产品。该机操作简便、灵活，结构布局合理，整机行驶平稳，

图 2-1 QY40K 轮式起重机

图 2-2 QUY50 履带起重机

最大起重量 50t，主臂长 13～52m、副臂长 9.15～15.25m。

(2) 摊铺机 徐工摊铺机产量连续 10 年遥遥领先，是全球领先的筑路机械专家，拥有道路建设与维护全套工序所需的各类产品（下面以 RP802 型号为例介绍其主要特点，见图 2-3）。

① 动力传动技术：高效强劲，配置 Deutz 水冷柴油机，功率强劲，单体高压泵结构。柴油雾化好，经济性好，寿命长，适用范围广。选用德国林德及力士乐公司驱动液压泵及电动机，配置高，寿命长，具有驱动转矩大、负荷率低、性能可靠等优点。

② 控制技术：稳定精确，输分料实现同步传动，匹配最佳，输分料转速采用全比例控制，料位采用超声波自动控制技术，料位高度可稳定控制，手动挡转速可无级调节。分料转速控制：手动挡和自动挡可自由切换。电子自动找平，保证较高的平整度，可选择多种传感方式，自动化程度高，能满足高等级道路的施工要求。采用数字式微电脑控制，速度可预选，采用恒速自动控制技术，保证摊铺速度不受负载影响，速度稳定，在运动过程中，可将摊铺作业速度自由地切换为转场行驶速度。

图 2-3　RP802 摊铺机

③ 输分料技术：可靠耐用，分料能力强，采用大螺距 360mm，大直径 Φ420 分料叶片，28BH 加强型驱动链条，驱动能力比同类产品大 25%。分料箱、分料链条等采用高强度设计，传递功率强劲，分料杆最大动力传递能力达 5000N·m，能实现全埋分料，可大大减少离析现象。分料箱中间采用两个反向叶片，减少了中间离析带。

④ 熨平板技术：成熟可靠，合理的伸缩油缸与套管的尺寸配合，使熨平板伸缩部分的滑动具有卓越的精度，稳定性好，确保优质的摊铺质量，是最成熟稳定的液压伸缩熨平板。

⑤ 二点悬架机构确保熨平板伸缩平稳，无级可调振动频率（575 熨平板），满足不同的作业工况需求。采用了电加热，安全、环保、方便。

(3) 水平定向钻机（以 XZ160 型号为例进行介绍，见图 2-4）　XZ 系列水平定向钻机主要用于在非开挖地表的条件下，铺设及更换各类地下管线，该机性能先进，工作效率高，操作舒适，关键部件采用国际化配套，是供水、煤气、电力电讯、暖气、石油等行业施工的理想设备。

图 2-4　XZ160 水平定向钻机

① 采用 PLC 控制、电液比例控制、负荷敏感控制等多项先进的控制技术。

② 钻杆自动装卸装置,可提高工作效率,减轻操作者的劳动强度和手工误操作,减少施工人数,降低施工成本。

③ 自动锚固:液压驱动控制锚杆的钻进和回提。锚固力大,操作简单方便。

④ 双速动力头:钻进、回拖时低速运行,确保顺利施工;接卸钻杆空载往返时,可倍速滑动。

⑤ 减少辅助时间,工作效率更高。

⑥ 发动机具有涡轮增矩特性,遇到复杂地质时,能瞬时增加动力,确保钻进功率。

⑦ 动力头转速高,成孔效果好,施工效率高。

⑧ 单手柄控制推拉和旋转等多种作业,便于精确控制,操作简单舒适。

⑨ 绳系控制器,单人就能进行钻机的装卸车作业,安全高效。

⑩ 专利技术的浮动式台虎钳,可有效延长钻杆的使用寿命。

⑪ 具有发动机、液压参数监测报警及多种安全保护,有效保护操作者和机器的安全。

二、三一重工股份有限公司

1. 企业概况

三一重工股份有限公司(简称三一重工)创建于 1994 年,总部坐落于长沙经济技术开发区,2003 年 7 月 3 日,三一重工在上海证券交易所成功上市。

三一重工主要从事工程机械的研发、制造、销售,产品包括 5 大类 120 多个品种,主导产品有混凝土输送泵、混凝土输送泵车、混凝土搅拌站、沥青搅拌站、压路机、推铺机、平地机、履带起重机、汽车起重机、港口机械等。目前,三一混凝土输送机械、搅拌设备、履带起重机械、旋挖钻机已成为国内第一品牌,混凝土输送泵车、混凝土输送泵和全液压压路机市场占有率居国内首位,泵车产量居世界首位,是全球最大的长臂架、大排量泵车制造企业。

三一标志:

2. 主要产品介绍

(1) 泵车(见图 2-5) 在混凝土泵送技术日新月异、蓬勃发展之时,三一泵车凭借卓越的产品品质、完善的产品系列、优异的售后服务,履行着"品质改变世界"的经营理念,以其自主创新的最新成果充分展示了中国品牌走向世界的信心和实力。

三一重工是国内第一家独立设计臂架混凝土泵车的企业。

三一重工目前已成为国内最大的混凝土泵车生产基地、全球最大的长臂架、大排量泵车制造企业,其产量居世界首位。运用智能化、三维设计、计算机模拟仿真等先进技术,成功研制了 28~26m 系列混凝土泵车,能充分满足各种用户的各种需求。

(2) 混凝土搅拌站(见图 2-6) HZS 系列混凝土搅拌站是三一重工自主开发的具有 21 世纪国际先进水平的搅拌设备,具有集物料储存、计组、搅拌于一体的综合功能,可满足各种类型混凝土的搅拌要求。三一重工是国内第一家将 CAN 总线技术引入搅拌设备控制系统应用的企业。

图 2-5　SY5331THB 46 混凝土输送泵车

图 2-6　HZS120/2HZS240 三一混凝土搅拌站

三一搅拌站的主要优势是高效率：HZS120 实际生产效率达 105～110m³/h，比其他厂家生产率高 12％以上；拥有四项专利技术的三一搅拌主机，采用进口专用行星减速机，耐磨衬板保用时间提高到 6 万罐次，比其他厂家同等产品提高了 20％；整机可靠性比其他厂家提高了 20％；结构件经久耐用，大部分电器元件选用国际知名品牌；计量精确稳定，保证混凝土的高质量；智能化的操作系统，操作方法简单、实用；设计安全环保、人性化。

（3）混凝土搅拌运输车（见图 2-7）　三一搅拌车可选配三一自制底盘、日野或五十铃等进口底盘。集优良匹配、设计、制造技术于一身的三一自制搅拌车底盘，采用全浮式欧系风格驾驶室；大功率、大转矩、低噪声、低油耗、高可靠性的环保发动机；切向进气，带沙漠空滤器进气系统；底推式或拉式膜片弹簧离合器；性能卓著的双中间轴变速箱；端面齿传动轴；双回路行车制动系统；全球独有专利设计——带举升装置三级配混凝土搅拌车。多项选装功能：车载冰箱，车载 VCO、MM，车辆制动防抱死系统 ABS，车辆防侧倾控制装置 ARS，全同步器变速箱，拉式离合器，子午轮胎，车辆行驶记录仪，全球卫星定位系统 GPS，电控恒速搅拌筒驱动控制系统等。

图 2-7　SY5250GJB 混凝土搅拌运输车

(4) 全液压平地机（见图 2-8）　三一重工精心设计制造的平地机，集世界先进技术于一体，是一种高效率、高可靠性的优质产品。

图 2-8　PQ190Ⅱ 全液压平地机

主要特点是：全液压驱动技术世界首创；传动路线短、传动效率高；行驶自动挡根据外负载的变化自动调整牵引力；功能强大的人机界面，实时显示平地机的工况；操作厂境舒适、称心，符合人的行为习惯；高耐磨铲刀片获发明专利及实用新型专利；摆架锁定装置操作轻松方便；双回路行车制动技术为安全双保险；湿式多片停车制动器制动力矩大，自动补偿磨损，安全平稳；具有降挡自动保护功能；整机结构布置合理，维护保养方便。

(5) 汽车起重机（见图 2-9）　卓越的性能树立行业新标准：

① 领先的超长主臂，强劲有力：主臂全伸长 45 米，最大起吊高度 61m，行业领先；起重臂采用高强度结构钢制作，大圆弧六边形截面，基本臂最大起重力矩 2400kN·m。

② 底盘性能先进：最高行驶速度超过 80km/h，采用德国转向技术，美国 EATON 公司变速箱技术，操纵轻便、可靠；发动机具备三模态输出功率不同工况选择对应的发动机功率输出，节省能源；采用 12.00R24 钢丝轮胎，耐磨承载能力强。

图2-9 STC75汽车起重机

③ 新一代液压系统：具有高效、节能的作业性能，采用进口柱塞泵，液压系统为变量系统，可根据负载自动进行流量控制；主、副卷扬采用进口变量马达，轻载起吊速度快，单绳最大速度达130m/min，作业效率高，节能效果好。

④ 专业的控制技术：采用三一重工自主开发具有专利知识产权的工程机械专用控制器，内置世界顶尖的PⅢLIPS32位CPU，控制精确，可靠性高。全面的吊重力矩保护、高度限位与报警功能，为作业提供可靠的安全保护。

⑤ 新型远程监控系统——会上网的起重机：自主研发的远程设备监控系统——"GCP全球客户门户网"，具备强大的设备运行工况、作业参数采集功能，可实施远程工况监控和远程设备管理；通过GCP门户网站，可以使用户足不出户掌握设备的运行状况，查询和定购所需配件。

⑥ 新颖外观造型：欧洲顶级设计公司精心打造的"红色之星"系列产品，外观新颖，整体感强，彰显国际潮流；先进的模压、电泳工艺极大提升了产品的制造精细化。

三、中联重工科技发展股份有限公司

1. 企业概况

中联重工科技发展股份有限公司（简称中联重科）创建于1992年，2000年10月在深交所上市，是中国工程机械装备制造领军企业，全国首批创新型企业之一，主要从事建筑工程、能源工程、交通工程等国家重点基础设施建设工程所需重大高新技术装备的研发制造。

中联重科目前生产具有完全自主知识产权的13大类别、28个系列、450多个品种的主导产品，是全球产品链最齐备的工程机械企业。其中，2008年收购意大利CIFA公司后，混凝土机械产品市场占有率跃居全球第一。

全球经济一体化的趋势下，中联重科以产品系列分类，形成混凝土机械、工程起重机械、城市环卫机械、建筑起重机械、路面施工养护机械、基础施工机械、土方机械、专用车辆、液压元器件、工程机械薄板覆盖件、消防设备、专用车桥等多个专业分、子公司。

中联重科标志：**ZOOMLION**

2. 主要产品介绍

(1) 混凝土泵车（以型号52m混凝土泵车为例进行介绍，见图2-10） 作为混凝土泵车行业标准的缔造者，中联重科秉承专业化发展的道路，以高新技术为核心竞争力，自主研发了一系列混凝土泵车，引领市场潮流。超前的设计理念，完美的外观造型，卓越的产品性

图 2-10　52m 混凝土泵车

能，高效的施工效率，低廉的经济成本，打造出高性价比的产品。

产品特点：

① 知名底盘及动力：选用德国奔驰底盘，动力强劲，外观豪华，驾驶舒适，智能化程度高。高效发动机，功率自动匹配节能控制技术确保燃油利用率，比同类泵车油耗低 25%。所有排放均达到欧Ⅲ标准，环保节能。顶级品牌的分动箱：采用德国 STEIBELL 等公司的分动箱，结构紧凑，密封性好，质量小，润滑充分，性能可靠。

② 高效的泵送系统：中联泵车采用大方量泵送技术，最大理论方量可达 $165m^3/h$。意味着同等时间内能产生更高的经济效益。泵送系统优化设计，高吸料性，实际泵送效率达到理论值 80% 以上，吸入效率高出同行 10%~15%，经济性好。采用砼活塞自动退回技术，更换活塞省时省力；机械液压双重限位，安全可靠。

③ 可靠的臂架系统：以精确的数据支持为基础，通过有限元分析、模态分析、动力学分析计算和反复试验，确保臂架系统结构合理，性能优异。精工制造：臂架选用高质量瑞典 700~900MPa 高强度钢板制造，可靠性高；每一块钢板、每一条焊缝均通过 100% 无损探伤，工艺严谨，耐用性突出。带压力补偿、负载敏感的比例控制系统，使得臂架运行实现无级调节，速度快慢自如，操作性能极佳。采用新型摆动油缸缓冲技术，确保臂架侧向冲击小。

④ 支腿、OSS 单侧支撑技术：支腿有 X 形支腿和摆动腿，形式多样化可充分满足各种施工工地的要求。具有 OSS 单侧支撑技术的泵车可根据实际施工场地的要求，调整支腿单侧展开进行施工，提高了泵车对场地的适应性。

⑤ 液压系统：采用世界知名品牌力士乐、川崎、哈威、西德福等液压元件，使用寿命长，可靠性高。全自动高低压切换技术使得在进行高低压切换时，只需轻轻按下电控按钮就能全部完成，无需拆管，无任何泄漏，从而快速排除堵管。

⑥ 电控系统：自主研发的节能控制技术，使发动机输出功率随负载变化自动匹配，油耗降到最低。采用智能控制和智能诊断，泵送流程自适应调节平稳控制技术，系统参数实时监控技术，数据自动分析、处理系统，使泵车拥有完善的自我保护功能。GPS 卫星定位、GPRS 设备运行远程监控管理系统可进行准确的定位、全方位的数据监控和管理，使用户足

不出户就能掌握和控制设备的运行工作状态。

（2）混凝土搅拌运输车（以 ZLJ5255GJB1 为例进行介绍，见图 2-11） 中国混凝土机械顶级品牌、中国混凝土泵送技术的发源地——中联重科，依托长沙建机院雄厚的技术积淀，秉承专业化发展的道路，以高新技术为核心竞争力，自主研发了一系列混凝土机械，引领市场潮流。超前的设计理念，完美的外观造型，卓越的产品性能，高效的施工效率，低廉的经济成本，打造出高性价比的产品。

图 2-11　ZLJ5255GJB1 混凝土搅拌运输车

产品特点：

① 高性能的搅拌筒：大容量的搅拌筒配以全新设计的双对数变螺距螺旋叶片，在搅拌质量和出料速度间取得完美平衡，既能怠速出料满足泵送需要，又能保证混凝土搅拌的匀质性。高耐磨材料 B520JJ 在搅拌筒体及叶片上的逐步推广，有效地提高了搅拌筒的使用寿命。筒体焊接采用焊接机械手自动焊接，质量更加稳定可靠。

② 完备的安全、环保措施：较低的搅拌筒安装角度使整车重心更低，具有更好的行驶稳定性和通过性，出料更顺畅。较大容量的搅拌筒加上专门在出料槽处设置了挡料装置，可防止混凝土的意外溢出，保持城市道路的清洁；坚固的侧防护装置、后防护装置，及车身后部粘贴反光膜，使驾驶更安全。

③ 国际知名品牌的液压传动件：优质的液压传动件是搅拌车可靠工作的重要保障，因此世界知名品牌的产品如力士乐、伊顿、萨澳等液压油泵、液压马达全在产品上得到了应用。

④ 便捷灵活、风格各异的操纵系统：驾驶室和车后两侧使用连杆操作实现三点联动，简单方便；控制器带操纵软轴的操作形式，安全、可靠；电控操作形式节能、舒适，充分体现人性化。

⑤ 底盘：底盘占了整车价值的 70%～80%，中联重科深谙此理，精选国内外可靠底盘，进口的包括奔驰、日野、五十铃底盘，国产的包括重汽豪沃和斯太尔王、东风大力神及陕汽佳龙等，满足用户的各种需求。

(3) 沥青路面就地热再生成套设备（以 LZ4500 为例进行介绍，见图 2-12） 中联就地热再生成套设备是世界上第一套采用热风循环加热方式的综合式就地热再生机组，是中联重科根据国内热再生市场需求自主研发的新一代高新技术产品，是符合中国国情的绿色环保型路面施工设备，该项目已申报多项发明专利和实用新型专利。

图 2-12　LZ4500 沥青路面就地热再生成套设备

中联就地热再生成套设备由 LR4500 型加热机和 LF4500 型复拌机组成，加热机和复拌机均是全液压驱动的自行式设备，采用热风循环加热方式，在复拌机上集中了路面加热、耙松、添加新料、再生剂和乳化沥青喷洒、搅拌和双层摊铺熨平等多项功能。

产品特点：

① 可满足多种就地热再生工艺（如复拌、加铺等）的施工要求。

② 采用热风循环的加热方式，热效高，施工现象无烟气，与进口同类产品相比，燃料费用节约 40%，更环保节能。

③ 以柴油为加热燃料，采购成本低，燃料使用上更方便、更安全。也容易获得施工许可。

④ 针对国内路面基层含油低的问题，特别增加了喷洒乳化沥青的功能，可同时进行再生剂和乳化沥青的喷洒，更适于国内用户。

⑤ 设备均采用令液压驱动，施工时可随时无级调整各工作装置的作业宽度，操作可靠方便。

⑥ 复拌机采用再生料防离析装置及控制，有效避免国外同类机器在施工中出现的离析现象。

⑦ 复拌机采用前后桥全驱全转行走系统，转弯半径小，并可蟹行，行动灵活，设备维护空间大，便于保养维修。

⑧ 整机控制采用工程机械专用控制器显示器，使用 CAN 总线通信技术，具有人机交流、自我诊断、维护向导、数据管理等功能，智能化水平更高，大大方便了设备的操作和维护。

四、广西柳工机械股份有限公司

1. 企业概况

广西柳工机械股份有限公司（简称柳工）始创于 1958 年，前身为从上海华东钢铁建筑厂部分搬迁到柳州而创建的"柳州工程机械厂"，于 1993 年在深交所上市，成为中国工程机械行业和广西第一家上市公司。

公司发展了技术领先、质量可靠、性能完善的全球工程机械主流产品线，包括轮式装载机、履带式液压挖掘机、路面机械（压路机、平地机、摊铺机、铣刨机等）、小型工程机械（滑移装载机、挖掘装载机等）、叉车、起重机、推土机、混凝土机械等。

柳工标志：

2. 主要产品介绍

（1）装载机　以柳工 856Ⅲ轮式装载机为例进行介绍，见图 2-13。

图 2-13　柳工 856Ⅲ轮式装载机

产品性能

① 尖端科技铸就领袖品质：整机设计严格按照 CE 要求。驾驶室通过 FOPS&ROPS 认证。应集转向系统。工作液压系统采用双泵合流，有自动卸荷功能，减少能量损失。发动机进气系统增加空气预滤器，延长空气滤芯的更换周期。

② 宽敞、舒适、安全的驾驶空间：豪华驾驶室，操作舒适，视野好，低噪声。左右双制动踏板，兼顾行车和作业工况。冷暖空调，保证舒适的操作环境温度。合理的操作手柄及方向盘布置，操作更轻松。排放符合 EU STAGEⅢ和 EPA TIERⅢ。采用风扇马达独立散热系统。增压密封驾驶室和低噪声发动机，降低机外辐射噪声和驾驶员耳边噪声。

③ 拥有整机可靠性好的巨大优势：工作装置和车架的安全系数大，强度高，抗扭，能适应各种恶劣的工况。八连杆的工作装置平移更好，传速比更高。动力传动液压制动等关键部件与国际著名部件制造商配套，品质有保证。快换装置实现多种工作装置轻松切换。

④ 高质量、高效率的科学技术：全自动动力换挡变速箱，KD 功能，简化操作。速度快，前四后三，最高车速达 37km/h。单手柄控制集成换挡操纵（有 KD 功能）和液压先导操纵，快捷高效。动臂减振系统，减小物料运输中的洒落。

（2）挖掘机　以柳工 925LC 液压挖掘机为例进行介绍，见图 2-14。

产品性能：

① 世界一流品牌的高端配制：发动机、液压元部件、四轮一带、电磁阀、蓄电池等采用知名品牌产品。豪华型超大空间驾驶室。轻巧灵活的操作方式。高刚性整机结构。

② 舒适、安全、便捷的操作环境：大容量无氟环保空调，全方位立体送风。悬浮式座椅可调节至最佳位置，更加舒适。驾驶室采用硅油减振器进行减振，大大降低驾驶室的振动，提高舒适性及工作效率。驾驶室密封性能良好，有效隔离工作时噪声干扰，减轻疲劳。

图 2-14　925LC 液压挖掘机

车上配有收放机,空闲之余还可以享受音乐带来的乐趣。骨架式结构驾驶室,可加装防落物、防飞溅装置,有效保护操作手的人身安全。

③ 操作便捷:采用电子式节气门控制,轻松操作,控制更加精确,更加省油。先导手柄操作省力、灵敏度高,对动臂、铲斗的微小动作控制更加准确;采用以人体工程学为基础的设计,各种操作手柄分布合理,人性化设计,方便可及。

④ 动力强劲的康明斯柴油机:低排放、低噪声、高效率、可靠性好,先进高效的液压系统。采用高品质的液压元件,保证液压系统的高效率和耐久性。采用先导操作技术,保证整机高效工作。采用负荷传感液压系统,没有流量损失,保证各动作流量成比例变化。

⑤ 合理布局和优化设计,保证整机高可靠性:合理分布的下部机构;重力均布回转平台;优化型动臂、斗杆;优质铲斗。

(3) 小型工程机械　以柳工 766 挖掘装载机为例进行介绍,见图 2-15。

图 2-15　766 挖掘装载机

① 繁杂工作好帮手：结构件为整体车架，整机稳定性好，更加适合挖掘作业。采用潍柴道依茨 TD226B-4 发动机，保证整机具有良好的使用性能和寿命。传动系统由意大利的 CARRAR0 公司提供，后桥带差速锁、多片湿式制动。制动系统采用广泛应用于汽车工业中的真空助力器，整机制动更加安全可靠。液压系统可以实现电控、自动高低流量撤换，保证装载作业时整车有足够的牵引力，功率分配更加合理，提高了系统的可靠性。转向液压系统采用 EAT0N 公司的优先转向技术。挖掘工作装置采用中置式（CENTER MOUNTED），可加配破碎锤。动臂、斗杆采用梯形结构，质量小，强度高，结构稳定性好；装载端工作装置采用八连杆机构，四合一斗。整车减振器均选自世界著名品牌德国洛德（LORD）公司产品，并经过理论验算，减振效果良好。

② 宽敞舒适的驾驶室：驾驶室宽敞明亮，内部是流线型的设计，感觉舒服。四面玻璃结构，左右两侧门窗可以打开并相互锁定；后窗两块玻璃结构，上玻璃可上下移动；前罩低，前进时通过小玻璃可看见前轮，驾驶操作轻松自如，视野好。角度可调式方向机，适合不同体形的司机操作；驾驶室隔音效果好，驾驶员耳边噪声只有 78dB，安全舒适。

③ 世界尖端品质保证和优秀的性价比：动力装置——采用潍柴道依茨 TD226B-4 发动机，保证整机具有良好的使用性能和寿命。变速箱——CARRARO 公司四挡位同步器换挡变速箱。驱动桥——CARRARO 公司驱动桥。泵——采用 PERMCO 公司双联液压泵。阀——美国 HUSCO 公司的整体阀三联装载阀及六联整体挖掘阀，挖掘端可配置辅助联，可以实现自动、手控高低流量切换，保证装载作业和行车过程中有足够的牵引力，功率分配更加合理，提高了系统的可靠性。配备 Eton 公司优先阀，该阀配有两轮驱动和四轮驱动切换电磁阀。配有两轮驱动和四轮驱动切换电磁阀，可以实现两种驱动模式。但挂四挡高速行驶时自动变为两轮驱动；使用行车制动时，自动变为四轮驱动。

五、厦门工程机械股份有限公司

1. 企业概况

厦门工程机械股份有限公司（简称厦工）创建于 1951 年，是专业制造工程机械产品的大型企业。

1993 年，厦工改制为股份公司；1994 年厦工在上海证交所挂牌上市，2003 年，厦工率先在行业内突破年产销装载机双超万台的大关；2004 年，厦工装载机被评为"中国名牌产品"；2005 年，"厦工机械"商标被认定为"中国驰名商标"。

厦工标志：

2. 主要产品介绍

（1）装载机（以轮式装载机 XG958Ⅱ为例进行介绍，见图 2-16）

产品性能：

1）满足 Tier3 排放的原装进口康明斯发动机，电控节气门。

2）全新的外观造型，宽敞的操作空间，优良的视野和操作舒适性。

3）驾驶室满足防翻防落物（ROPS/FOPS）要求，格拉默高档座椅。

4）单摇臂 Z 型连杆工作装置，坚固结实的铲斗，挖掘有力。

5）全液压湿式制动配合 ZF 双变和 ZF 桥，制动可靠。

图 2-16　XG958Ⅱ轮式装载机

6）派克/丹尼逊的双叶片泵合分流、转向优先，高效节能，动力性更佳。
7）德国力士乐的工作阀和单手柄先导操纵系统。
8）德国贝克自动集中布置的润滑脂注点，方便维护与保养。
9）箱型结构车架，整机稳定性好，结构强度高。
10）优越的整机性能，具有非凡的作业效率。
11）派克/丹尼逊独立散热系统，保证整机热平衡，同时降低燃油消耗。
12）外循环的新风、制冷、除霜和取暖系统。
13）可配有多种选装件以满足不同用户的要求。
（2）挖掘机（以履带式挖掘机 XG825LC 为例进行介绍，见图2-17）

图 2-17　XG825LC 履带式挖掘机

① 先进的 ESS 电子控制系统，满足各种工况要求。
② 高效可靠的负流量液压系统，人机合一的操作感觉。
③ 强劲的动力系统，缩短用户施工工期。
④ 舒适的操作环境，提高驾驶员工作效率。

⑤ 采用名牌四轮一带，确保行走装置寿命。
⑥ 轻便的操作、保养及维护、降低用户使用成本。
⑦ 强化构件强度，保证经久耐用。

(3) 挖掘装载机（以挖掘装载机 XG765 为例进行介绍，图 2-18）

图 2-18　XG765 挖掘装载机

① 发动机功率高，转矩储备大，可同时满足液压、传动和空调系统的需要。
② 专为挖掘装载机设计制造的四挡同步电液换挡变速箱，可根据路面条件快速换挡。
③ 液压多片湿式制动器，安全可靠，使用寿命长。
④ 转变半径小，转向灵活，反应速度快。
⑤ 装载单手柄，操作方便，操纵力轻。
⑥ 高压液压系统可提供强大动力和快速准确的反应，工作装置具有强劲的提升力、回转力和铲斗挖掘力。
⑦ 挖掘动臂锁定机构和挖掘装置过中点的特殊设计，使设备运输更安全，行驶更平稳。
⑧ 超大面积的有色玻璃、较低的室内噪声水平，独立的暖风和空调系统以及宽敞的室内空间，给驾驶员带来了极大的驾驶舒适性。
⑨ 可选配破碎锤等特殊工作装置，实现多功能。

六、山推工程机械股份有限公司

1. 企业概况

山推工程机械股份有限公司（简称山推股份）是中国生产、销售推土机等工程机械系列产品及零部件的国家大型一类骨干企业，"全球建设机械制造商 20 强"、"中国制造业 500 强"、"中国机械工业效益百强"企业。

山推股份成立于 1980 年，注册地址山东省济宁市。

山推股份标志：**SHANTUI**

2. 主要产品介绍

山推股份生产有众多品种的工程机械产品，如推土机、压路机、装载机、挖掘机、平地机等,但是其中推土机系列最为齐全,也最具特色。

1) 最大马力的履带式推土机:SD42-3 是目前国内最大马力履带式推土机,如图 2-19 所示,主要用在矿山、露天煤矿等大型工程,能适应较恶劣作业环境,其主要特点:单手掌控制的电控变速、转向系统;PPC 阀先导比例控制的工作装置操纵;悬架浮动式行走系统;全球智能服务系统。集中测压、集中润滑、履带自动张紧;翻车保护装置(ROPS)和落物保护装置(FOPS)。

2) 极寒型推土机 SD32G:极寒型推土机是山推股份根据寒冷作业工况的需要,在 SD32G 的基础上自主研制开发的产品,该机采用液力传动,液压操纵技术,结构先进合理,性能稳定可靠,操纵轻便灵活。配各发动机冷启动装置和寒冷地区专用驾驶室,最低适应温度-40℃,是寒冷地区施工的理想作业设备。

3) 森林伐木型推土机:SD32F 森林伐木型推土机是山推股份根据森林作业工况的需要,在说的 SD32 的基础上自主研制开发的产品,该机采用液力传动,液压操纵技术,结构先进合理,性能稳定可靠,操纵轻便灵活,前伸的保护架可有效保护机器和人身安全,可配备液压绞车具有自救功能,特别适合在森林作业。

4) 沙漠型推土机:SD32D 沙漠型推土机是山推股份根据沙漠作业工况的需要,在 SD32 的基础上自主研制开发的产品,该机采用液力传动,液压操纵技术,结构先进合理,性能稳定可靠,操纵轻便灵活,配各沙漠专用散热器和空滤器,特别适合沙漠地区使用。

5) 岩石型推土机:SD32W 岩石型推土机(见图 2-20)是山推股份根据风化岩、冻土等恶劣、重型作业工况的需要,在 SD32 的基础上自主研制开发的产品。该机采用液力专动,液压操纵技术,结构先进合理,性能稳定可靠,操纵轻便灵活,采用岩石型专用履带和铲刀,耐磨性能显著提高,非常适合风化岩石层、冻土层等重型工况。

图 2-19 SD42-3 最大马力的履带式推土机   图 2-20 SD32W 岩石型推土机

6) 标准型推土机:SD32 推土机(见图 2-21)是山推股份根据土石方工程恶劣作业工况的需要,在山推 TY320B 的基础上自主研制开发的产品,该机采用液力传动,液压操纵技术,结构先进合理,性能稳定可靠,操纵轻便灵活,是理想的中型土石工程作业机械。

7) 推煤机:SD22C 推煤机(见图 2-22)是在其原型机 SD22 推土机的基础上改进而来,具有山推履带式推土机技术性能先进、可靠性高、油耗低、维护方便的特点,配各大容量推煤铲刀,加装发动机进气预滤装置,适应煤矿、火电煤场的转场、摊铺、堆放等作业。

七、中国龙工控股有限公司

1. 企业概况

中国龙工控股有限公司(简称龙工),创立于 1993 年,2005 年在香港联交所主板上市,

图 2-21　SD32 推土机　　　　　　　图 2-22　SD22C 推煤机

是中国工程机械行业第一家境外上市公司，名列"全球工程机械 50 强"第 35 位（2009年）、"中国机械工业企业核心竞争力 100 强"和"全国百家侨资明星企业"。

凭借公司技术研究院强大的技术研发实力，自行开发及制造具有核心竞争力的变速箱、变矩器、驱动桥、液压油缸、齿轮、管路、传动轴等核心零部件。公司产品覆盖装载机、挖掘机、压路机、平地机、叉车等多种机械，型号超过 200 多种。其主导产品"龙工牌装载机"是"中国名牌产品"，"龙工"商标是"中国驰名商标"；挖掘机产品经专家鉴定达到"国内一流、国际领先"水平；压路机、叉车、平地机及核心零部件产品跻身国内外先进行列。

龙工标志：**LONKING 龙工**

2. 主要产品介绍

（1）装载机（以 LG833 型号为例，见图 2-23）　LG833 轮式装载机是龙工精心设计的产品之一，该机型车架结构、工作装置、液压系统及外观方面，都具有独到之处：

图 2-23　LG833 型装载机

① 发动机选用德国道依茨 TD226B-6，动力强劲，节能环保。

② 变速箱选配龙工 ZL30.03 型变速箱或 ZL30E.5G 型变速箱，给客户一个灵活地选择，前者牵引力大，后者结构简单、维护方便。

③ 工作装置连杆机构计算机优化设计，卸载高度及卸载距离超过行业标准要求，卸载高度可达 2900mm，满足大吨位卡车的装卸要求，在同行中属佼佼者。

④ 前后车架结构采用有限元分析，大跨距铰接结构，铰接销受力改善，强度高，可靠性好。

⑤ 新款豪华流线型外观设计，造型美观，视野开阔；弹性悬架的驾驶室，可选装空调，给用户提供舒适的环境。

⑥ 铲斗针对岩石的工况进行设计，两边增加边齿，强度高、耐磨损。

⑦ 采用双泵合流系统、全液压转向，轻便灵活，节能降耗，作业效率高。

⑧ 根据用户工况需要，可选择煤炭加大斗、侧卸斗、夹木叉等多种工作装置，并可配装快换装置。

（2）轮胎压路机（以 LG530PH 型号为例，见图 2-24） LG530PH 型轮胎压路机功能特点：

本系列压路机是一种自行式轮胎压路机，最大工作质量达 30t，为超重型压实机械，压实效果好，生产效率高，主要用于道路路面工程中的各种沥青混凝土、各种稳定土和沙砾混合料的压实，也可用于路基工程，可广泛用于公路、市政工程、机场、港口、码头、堤坝和各种工业建筑工地中。

图 2-24 LG530PH 型轮胎压路机

① 动力采用国际名牌康明斯系列发动机，动力强劲。

② 最大工作质量达 30t，为超重型压实机械，压实效果好，生产效率高。

③ 配有加砂仓，用户可自行配置车重，操作方便。

④ 全液压驱动，采用国际名牌闭式液压系统元件，性能优良，质量可靠，爬坡能力强。

⑤ 采用无级变速，方便与其他机型协同工作。

⑥ 进口水泵，防干烧能力强；水压强劲，洒水更可靠。

⑦ 设有紧急制动、工作制动和停车制动三级制动装置，使制动效果更加可靠。

⑧ 双操纵台设计，看边性能强，操作互不干涉。

（3）平地机（以 LG1220 型号为例，见图 2-25） LG1220 平地机功能特点：

本机是一种铰接自行式平地机，适合基础工程的大地面平整工作，也可用于挖沟、割坡、堆土、松土、除雪作业，是建设高等级公路、铁路、机场、港口、堤坝、工业场地农田

图 2-25 LG1220 平地机

平整的多用途、高效率现代化施工设备。

① 动力配置为康明斯 6CTA8.3 发动机，动力强劲，性能可靠。

② 采用德国 ZF 公司技术的液力换挡变速箱，三元件变矩器，进口密封操纵阀、挡位选择器；效率好、可靠性高、寿命长。

③ 采用美国 HUSC0 多路阀、德国力士乐制动阀、限压器和美国 N0-SPIN 差速器，性能优良，质量可靠。

④ 摆臂式连杆机构的工作装置，刚性好，作业范围广。

⑤ 标配免维护滚盘式回转装置，回转平稳精度高，适应恶劣工作环境。

⑥ 整机采用大倾斜外观造型，整体金属机罩，满足 1m×1m 视距标准要求。

⑦ 驾驶室标配冷暖空调，安全舒适。

⑧ 根据用户需要可选装前推土板、后松土器等附件。

八、湖南山河智能机械股份有限公司

1. 企业概况

湖南山河智能机械股份有限公司（简称山河智能）创立于 1999 年 8 月，以中南大学为技术合作单位，是一家产学研相结合的现代化工程机械制造企业。公司总部为山河智能产业园，位于湖南省长沙市国家级经济技术开发区。

山河智能标志：

2. 主要产品介绍

公司已在大型桩工机械、小型工程机械、中大型挖掘机械、现代凿岩设备等门类装备中成功开发出几十个规格的具有自主产权的高性能、高品质工程机械产品，差异化明显的特征保证了这些产品均居国内一线品牌位置。公司建立起由原始创新、集成创新、开放创新、持续创新组成的技术创新体系，取得的数十项国家专利使公司产品特色突出，性能提升。

(1) 液压静力压桩机（以 LZYJ320E 型号为例，见图 2-26） 主要特点：专门为高速公路拓宽工程基础施工设计的液压静力压桩机，针对该工程工地狭长，存在大量边桩，不存在角桩，一排桩之间桩距较近的特点，将机身长方向与机器纵移方向垂直布置，满足狭长地形内边桩施工；且布置主、副两个压桩位，两压桩位间相距仅2000mm，无需移机就可实现近距离两个桩位的压桩，施工更灵活。

（2）潜孔钻机（以SWDE120型号为例，见图2-27）

图2-26 LZYJ320E液压静力压桩机

图2-27 SWDE120潜孔钻机

① 钻机、柴油风冷空压机、柴油机—液压泵组三位一体，做到机动性好，节能高效。

② 钻机所有的操纵、姿态调整、钻孔位置选定都由先导操纵手柄集中控制，带冷暖空调自动增压的人机工程设计驾驶员室，大大改善了劳动条件，所有的指示灯、报警灯安装于同一面板，驾驶员对作业情况一目了然。

③ 采用高可靠性履带行走机构，钻具回转采用液压马达，滑架起落采用液压缸支撑，最大限度地提高了工作效率及钻机的工作面适应能力。

④ 设冲击器、钻杆自动拆装机构，设两对夹持牢固的液压缸，确保了开孔和钻进过程中钻杆的有效导向并保证了自动可靠的拆装。减轻工人的劳动强度，提高了工作效率。

⑤ 钻具回转机构装设液压加弹簧减振机构，延长回转机构的使用寿命。自动防卡杆机构，在发生意外时自动提升保护设备。

⑥ 灵活可靠的滑架补偿机构，对钻架与工作面的接触进行可靠调整。

⑦ 设置机身回转机构，可回转直接钻孔定位，便于操作，节省辅助时间，提高了工作效率。

（3）滑移装载机（以SWTL4518型号为例，见图2-28）

① 创新的整体结构，液压油箱、燃油箱与底盘融为一体，节省空间，机器更为强健。

② 强劲的动力系统，采用国际著名的康明斯发动机，确保机器能胜任各种工作。

③ 更大的举升高度，优化的六杆结构设计，工作装置垂直举升，机器具有更高的举升高度和更远的卸载距离。

④ 自动调平系统，动臂上升时，铲斗能保持平举状态。

⑤ 简便的操作方式，比例控制的手柄容易操作，省力，使得操作者能够很快地熟练操作机器，不易疲劳。

⑥ 双重节气门控制，发动机的节气门有手动控制与脚踏控制两种形式，极大地方便了操作。

⑦ 采用高低挡双速行走，更好地满足不同工况的需求，提高工作效率。

图 2-28 SWTL4518 滑移装载机

九、福田雷沃重工股份有限公司

1. 企业概况

福田雷沃重工股份有限公司（简称雷沃重工），位于山东省潍坊市，是一家以工程机械、农业装备、车辆为主体业务的大型产业装备制造集团。

雷沃重工标志：

2. 主要产品介绍

雷沃重工自 2004 年下半年进入工程机械领域以来，依靠自主创新形成了以装载机、起重机、挖掘机、旋挖钻机四大系列为主的产品资源。同时，公司 2006 年装载机产销突破 5000 台，一举进入中国行业前 10 位。2007 年，实现雷沃装载机业务进入行业第二梯队；旋挖钻机业务确立国内领先地位；履带起重机业务实现国内市场突破。至 2010 年，雷沃工程机械品牌的目标是成为国内领先、国际知名的品牌。

（1）雷沃装载机（以 FL966F 为例，见图 2-29） 雷沃装载机型号种类齐全，满足各种施工条件。无论在煤炭矿石、市政工程、建筑工地还是道路修建及车站码头等领域进行装卸作业，均应对有余，表现超凡。雷沃装载机采用欧洲设计技术和精细匹配设计理念，是雷沃重工精心打造的拥有国家 9 项专利保护、性能乏进、质量可靠的大型装载机械。

具体技术特点：

① 发动机配置欧美技术动力，性能好，油耗低，转矩储备系数大，可靠耐用。
② 欧洲精细匹配设计，使各个装置达到科学完美的匹配，作业效率非凡。
③ 主要结构件机器人焊接，确保了结构件质量可靠。
④ 转向系统优化设计，转弯操纵轻松、灵活，提高作业效率并增强安全性。
⑤ 制动系统采用高科技专用摩擦材料，制动系发热少，制动距离短，安全可靠。
⑥ 驾驶室人性化设计，布局合理，视野开阔，超高安全性。

图 2-29　FL966F 装载机

（2）雷沃液压挖掘机（以 FR75-7 为例，见图 2-30）　雷沃液压挖掘机型号种类齐全，满足各种施工条件，在全球城市道路建设、市政管网施工、农村水利建设、大型工程收尾平整及各种园林绿化建设中，以优异表现赢得了用户的信赖与喜爱。雷沃液压挖掘机采用欧洲标准与欧洲技术，其关键部件全球采购，性能卓越，质量可靠。

图 2-30　FR75-7 液压挖掘机

① 高端产品配置：主要液压元件全球采购，保证了机器工作的性能和稳定性。

② 最新挖斗斗型设计，显著降低挖掘阻力，提高作业效率，降低燃油消耗。

③ 动臂、斗杆采用进口高级优质钢材。

④ 6 吨级机型中独特设计的前机罩，主阀空间开放，抽屉式电器开关设计。

⑤ 精心设计的舒适驾驶环境。

（3）雷沃旋挖钻机（以 FR622C 为例，见图 2-31）　雷沃旋挖钻机集欧洲科技之大成，是雷沃重工继装载机、挖掘机后成功开发的大型灌注桩成孔设备。在高层建筑、大型桥梁工程、水利建设等桩基础工程中以稳定优异的表现备受世人赞誉。其关键部件全球采购，性能卓越，质量可靠。

具体技术特点：

① 国际领先水平发动机，自动感应负载变化并及时调整功率，大功率、低油耗，稳定可靠。

② 先进的可伸缩式履带底盘结构，合理的整机配置，具有稳定可靠的工作平台。

图 2-31　FR622C 旋挖钻机

③ 全自动、智能化电控系统，功能强大，操作简易。

④ 全封闭驾驶室，人性化的空间设计及附属装置。

⑤ 钻具与钻杆多样组合，适用于各种工况下作业。

⑥ 可折叠的箱形结构桅杆，保证性能，便于运输。

(4) 雷沃履带起重机（以 FQUY200 为例，见图 2-32）　雷沃全液压履带起重机集欧洲标准与技术于一身，是雷沃重工为满足市场需求与国际竞争而研发的大型起重机械。它综合吸收国内外先进技术，装配国际著名厂家动力元件、传动元件和液压元件，以力拔千钧之势带来前所未有的强劲力量，堪称起重安装作业的理想机械。

图 2-32　FQUY200 履带起重机

具体技术特点：

① 具有接地比压小、转弯半径小、吊重作业不需打支腿、吊臂长、作业半径大、起重性能好等优点。

② 可360°全方位作业，适应恶劣地面，具有其他起重设备无法替代的地位。

③ 采用电比例操作、泵控变量系统，微动性好，控制精度高。

④ 具有一定的自拆装功能，运输单件质量小，转场方便。

⑤ 具有多种吊臂类型配置，可满足用户的不同要求，特别是塔式副臂的配置，可使起重机作业时更加接近建筑物施工。

十、沈阳北方交通重工集团

1. 企业概况

沈阳北方交通重工集团（简称北方交通）是以工程机械、专用车制造、矿冶机械、农业机械、空港机械、军用机械等产品制造为主的大型集团化企业。总部设在国务院命名的国家装备制造业"双示范园区"——沈阳经济技术开发区核心区内。

北方交通自主研发汽车起重机、道路铣刨机、稀浆封层车、混凝土泵车、混凝土搅拌运输车、高空作业车、道路清障车、拌和站、随车起重机、履带起重机、高空消防车、热墙养护车、道路摊铺机、沥青洒布车、沥青路面养护车、道路涂料、划线机械、道路冷再生机、热再生列车、旋挖钻机、环卫车、空港机械等6大系列30个品种400余个型号产品。

北方交通标志：

2. 主要产品介绍

（1）道路清障车（以1050S-C重型清障车为例，见图2-33） 北方交通目前已研制开发出适合中国国情的各种结构类型的道路清障车200余种，现有产品均执行国Ⅲ排放标准，十二大功能结构、十个吨位等级的产品供用户选择，涵盖了从轻型至重型的各个层次，基本满足了我国道路交通管理及清障工作的需要。其中，重型清障车及平板背托式清障车在国内始终占据技术领先地位。在2006年"十五"国家重大技术装备成果展评比中，道路清障车荣获银奖。

图2-33 1050S-C重型清障车

主要特点：
① 采用解放品牌优质二类底盘改装。
② 非选用普通货车底盘改装。底盘综合承载及使用性能比普通二类底盘有较大的提高。
③ 三双型是清障车产品中的主导产品，二双型是指双卷扬、双节臂、双地脚结构。三双型适应作业能力强，有更多的使用功能。双卷扬具有更大、更平稳的拉拖能力，双节伸展吊臂可将被吊物体吊升到较高的位置，双地脚使清障车拉拖吊升的能力得以充分发挥。
④ 液压系统的主要液压件均采用国际著名品牌产品，连接采用国际先进的24度锥体无渗漏液压密封技术，工艺严谨，使用稳定，安全可靠。

（2）高空作业车（以9m剪式江铃高空作业车为例，见图2-34） 北方交通以国际先进高空作业设备为标杆，自主研发出不同结构类型的高空作业车40余个品种，产品涉及市政、公安、交通、电力、消防、公路建设及城市管理等诸多领域。

图2-34　9m剪式江铃高空作业车

2006年，经过辽宁省科学技术委员会审查，KFM5220JGK高空作业车项目被评为省科技研究成果一等奖。

凯帆牌剪式高空作业车系国Ⅲ底盘新产品，其性能优越，质量可靠，技术成熟。已经由国家工程机械质量监督检验中心检测定型，经中机技术服务中心审查通过，KFM5054JGK14Z型高空作业车适用于城市道路、郊区公路、高速公路以及机场、桥涵之高空作业。

主要特点：
① 采用国产或进口优质汽车底盘改装，所有底盘均为特殊订购，非普通货车底盘改装。
② 整个车体改造采用优质钢材，提高了产品的使用性能。
③ 先进的支撑机构加强了工作台的平稳性，提高安全系数，延长设备使用寿命。
④ 工作平台面积大，承载能力强，适合多人作业。
⑤ 液压系统的所有管路接头均采用美国派克24度锥技术。
⑥ 所有金属结构件表面都进行防锈、磷化处理。

（3）道路铣刨机（以KFX2000型铣刨机为例，见图2-35） 凯帆牌路面铣刨机充分吸收了国外同类产品的先进技术，具有结构性能先进、自动化程度高、操作简单方便、铣刨质量好、工作效率高、旧料回收率高、爬坡能力强等诸多特点。主要用于公路、城镇道路、机

图 2-35　KFX2000 型铣刨机

场、货场、停车场等沥青混凝土面层的开挖翻新，也可以用于清除路面痈包、油浪、网纹、车辙等；亦可开挖路面坑槽及沟槽，还可用于水泥路面的拉毛及面层错台的铣平。

主要特点：

① 2006 年公司全智能道路铣刨机在第五届中国国际装备制造业博览会暨"十五"国家重大技术装备成果展中荣获金奖。

② 充分吸收了国外同类产品的先进技术，采用液压驱动，配有液压差速锁。

③ 具有结构性能先进、自动化程度高、操作简单方便、铣刨质量好、工作效率高、旧料回收率高、爬坡能力强等诸多特点。

④ 主要部件均采用国际知名品牌，整机工作可靠性高，经济性能指标领先于国内同类产品，是道路机械化养护的理想设备。

⑤ 输料方式采用前置式，方便输料落点的调整。配有自动找平系统，可精确控制铣刨深度。

第二节　国外品牌工程机械概况

一、美国卡特彼勒公司

1. 企业概况

卡特彼勒是世界上最大的土方工程机械和建筑机械的生产商，也是全世界柴油机、天然气发动机和工业用燃气涡轮机的主要供应商。

为了加大投资力度和发展业务，卡特彼勒（中国）投资有限公司于 1996 年在北京成立。卡特彼勒在中国投资建立了 13 家生产企业，制造液压挖掘机、压实机、柴油发动机、履带行走装置、铸件、动力平地机、履带式推土机、轮式装载机、再造的工程机械零部件以及电力发电机组。

企业标志：**CATERPILLAR®**

2. 主要产品介绍

卡特彼勒拥有包括 300 种以上机器的产品系列（见图 2-36），不断刷新行业标准——以用户为核心的宗旨得到进一步深化。公司将全力以赴保持领先地位，不断满足用户的需求。

图 2-36 卡特彼勒公司的主要产品系列

卡特彼勒的后盾是出色的设备、生产资料行业中无与伦比的配送和产品支持系统以及持续不断的产品导入和更新。

（1）非公路卡车（以 740B 铰接式卡车为例，见图 2-37） 主要优点：具有久经考验的可靠性和耐用性、高生产率、卓越的操作员舒适性及更低的运营成本。乘客座椅朝前的宽敞双人驾驶室，以及非公路油/氮前悬架油缸，让操作员整天都能保持舒适。真正"行驶中"的自动牵引控制（ATC）系统自动调节轴间与十字轴差速锁，使其接合正确，从而缩短了周期时间并提高了生产率。不要求操作员互动。Cat ACERT 发动机坚固耐用，采用 Tier

图 2-37 740B 铰接式卡车

2/StageⅡ废气排放解决方案和电子控制的平稳换挡变速箱,实现高生产率、低燃油消耗。发动机/变速箱软件的重大变化/改进使得换挡更为平稳。

(2) 冷铣刨机(以PM201型号为例,见图2-38) 主要优点:新型PM201集高产能、最佳作业性能及简便的维修于一体,即便在恶劣的铣刨工况下,仍然游刃有余。具有ACERT技术的C18发动机着重于燃烧时间,提高了发动机性能,并降低尾气排放。PM201可选装三种铣刨鼓,因此机器配置能够满足不同应用和生产率的需求。前履带转向、后履带转向、蟹行转向及组合转向,这四种转向模式使驾驶员在狭窄的铣刨应用中能操作自如。

(3) 液压挖掘机(以329D/329DL型号为例,见图2-39) 主要优点:卡特彼勒液压挖掘机以回转转矩、液压动力、可控性、较快的循环时间、可靠性、较低的拥有与运营成本以及最佳生产率(每小时吨数)等特点著称。独特的上机架回转轴承设计可获得更多的表面接触和更长的寿命,提高稳定性以及减少机器的俯仰。在中型液压挖掘机产品领域,卡特彼勒是唯一一家提供紧凑半径、缩小半径以及标准半径的制造商。液压挖掘机装备有Product Link,使用户可以通过跟踪使用时间、位置、安全性以及机器运行状况从远程位置监视机器。

图2-38 PM201冷铣刨机　　　　　图2-39 329D/329DL液压挖掘机

(4) 轮式装载机(以988H型号为例,见图2-40) 主要优点:大型轮式装载机的产品设计确保其具备良好的安全性、耐用性、可靠性、维修保养方便性,同时最大程度地提高工作性能,停机时间减到最小,确保生产更多。专门设计可与多种公路用和非公路用卡车进行

图2-40 988H轮式装载机

输送匹配。继承了传统的强化结构设计，确保良好的可靠性、耐用性、多重建性和零部件的较长使用寿命。采用人机工程设计的驾驶室能使操作更舒适，确保了对卡车车床或车斗良好的视野。突出的安全特点保护了在机器上或其周围工作的员工的安全。主要的维修保养特点是关注每日例行检查的方便性，延长维修保养间隔，降低运营成本。

二、日本小松（中国）投资有限公司

1. 企业概况

株式会社小松制作所成立于1921年，公司主要产品除了始终处于世界领先地位的建筑工程机械、产业机械以外，同时还涉足电子工程、环境保护等高科技领域。

小松（中国）投资有限公司（简称小松）是株式会社小松制作所在中国的全资海外子公司，成立于2001年2月，公司总部位于上海市。

企业标志：KOMATSU

2. 主要产品介绍

在全球工程机械行业，小松以产品齐全著称。给不同地区提供最适合的产品，是小松公司的一贯政策。公司的产品有履带式液压挖掘机、轮式挖掘机、轮式装载机、履带式推土机、自卸车、压路机、平地机和盾构机械等。

（1）履带式挖掘机（以 PC220-8 履带式液压挖掘机为例，见图 2-41）

图 2-41　PC220-8 履带式液压挖掘机

① 高生产率与高经济性相结合：高压共轨燃油喷射系统，精确控制燃烧。可根据作业对象选择快速模式 P 或者经济模式 E。最大限度地满足用户对燃油经济性的要求。CLSS 液压系统传递效率高，动作快速灵活。

② 新型 7inch（寸）大屏幕液晶彩屏监控器：大型 TFT 液晶彩色监控器可以保证设备进行安全、精确和平稳的工作。通过采用在各种角度和光线条件时都可方便阅读的 TFT 液晶显示，提高了显示屏的可视性。开关简单且容易操作，功能开关便于多功能操作。以 12 种语言显示数据，方便全球范围内用户的需求。

③ 安全舒适的操作环境：高刚性驾驶室充分保护驾驶员的安全；悬浮式座椅和带把手的控制台使驾驶员可以保持舒适的操作姿势；动态噪声降低 2dB（分贝），实现了低噪声

操作。

④ 标准配置康查士，随时随地反馈机器信息；帮助客户管理车辆的安全、防盗、防破坏；帮助客户进行更优质的维护保养；手机短信功能使查询更便捷；每月递送康查士月报，保证客户在第一时间了解自己的设备。

⑤ 机器长期稳定施工的保证——高可靠性和高耐久性：先进的发动机技术，实现了燃油燃烧的精确控制，同时满足 EPA 和 EU 三级排放标准；采用强化型动臂和强化型斗杆；针对中国市场的燃油质量，采取了特别措施，让用户放心使用。

(2) 轮式挖掘机（以 PW150ES-6 轮式液压挖掘机为例，见图 2-42） 小松轮式挖掘机灵活，操作简单，运行快速且安全。从先进的 Hydrau Mind 液压系统到出色的传动性能，PW150ES-6 都能满足这些要求，不愧为当今最先进的轮式挖掘机之一。

图 2-42 PW150ES-6 轮式液压挖掘机

① 机动性：PW150ES-6 装有很多的工作装置和底盘附件，能满足几乎所有的应用要求；其中辅助液压回路采用电控双作用液压回路；独立控制的支腿为可选装置，可安装在机器前后；油缸保护装置为标准设备；可靠的工具箱与挡泥板都装在底盘的两边。推土板的设计采用挖掘机的前、后桥都有带标准油缸保护装置的径向推土板，挖掘机后部可选装一个并联式推土板。

② 操作简单：全新的"Active"标示与绿色的"+"进一步确认了该机器具有时下小松"Active"挖掘机的所有特性，此外，全新的驾驶室提供了一个更具效率的工作环境；工作模式的选择有重型作业、一般作业、精细作业、举升作业以及破断作业 5 种工作模式供选择。操作操纵杆按钮选择最大功率，功率就能在瞬间增强以应付艰苦的挖掘工作；启动快速减速能使所有处于工作装载的设备速度减半，使精细作业更具精确性。

③ 舒适与安全：在挖掘机的设计的开发过程中，设计师们就充分考虑到了如何减少操作员的疲劳感，结果诞生了一款符合人机工程学设计的宽敞的驾驶室，而且振动和噪声都降到了最低。驾驶室进出安全、方便，宽大台阶与驾驶室门两边的大扶手的安装位置恰到好处，可倾斜的操纵杆与可抬起的操纵台进一步方便了操作员进出。宽大的全景式窗户确保了出色的全方位视野，操作员可以清楚地看到机器的运行情况及头顶的障碍物。举升作业安全、精确，该机型装有大臂安全阀和过载警示器，为标准装置。辅之以 Hydrau Mind 控制

器与举升模式的动力,该机器有令人难以置信的举升性能,安全且精确。

(3) 轮式装载机(以 WA500-3 轮式装载机为例,见图 2-43)

图 2-43 WA500-3 轮式装载机

① 大功率:装备具有现代柴油机先进的小松发动机,能输出强大转矩,通过与大容量变矩器的合理搭配,大大降低了损耗,提高了实际输出,实现了与车体的最佳组合,能充分发挥强大的驱动力和挖掘力,提高工作效率。

② 作业性能强:具有自动降速功能控制开关,当车辆以二挡前进接近料堆进行铲装作业时,可通过动臂控制杆顶端的降速开关使车辆速度由二挡变为一挡,加大了铲入力。反之,当铲装作业完成时,方向控制杆扳至倒车挡,则车辆自动地由一挡变为倒挡。这一升一降,工作效率大大提高。

③ 制动性能可靠:采用全液压独立系统行车制动器,回路中不使用空气,因此没有水分的结露,也不会由于寒冷而引起制动效果不良,所以不需对制动系统进行排水作业。采用湿式圆盘停车制动器,由于装在变速箱内部,可有效防止尘埃,无须进行维护。如果发动机熄火或制动器内无压力油,停车制动器将自动地起紧急制动作用。紧急停车制动时以及制动油压过低时,报警灯会闪亮,并且,停车制动器会作为紧急制动器启动,采用了双重制动系统,保证了安全。

④ 操纵轻便:左手在进行转向操作的同时只需其中一手指即可对无触点式电磁变速控制手柄进行操作。这是小松公司独资开发的电磁控制开关,操纵力大大减小,操纵杆也可根据自己的要求对长短进行调节,即使长时间反复操作也不会感到疲劳。

⑤ 舒适与安全:驾驶室采用密封型构造,无尘埃进入。视野广阔,可视面积达 47% 以上,将安全性与舒适性完美地结合在一起。可根据需要装备能承受巨大负荷的加固防翻滚式天篷,确保操作人员的安全。液压装置、管路及驾驶室与车架的连接采用橡胶减振装置,内部噪声和振动大大降低,实现了安静、振动小的舒适乘坐环境。

三、瑞典沃尔沃建筑设备公司

1. 企业概况

沃尔沃建筑设备公司作为沃尔沃集团成员之一,是全球知名的建筑工程设备制造商。主要生产不同型号的挖掘机、轮式装载机、自行式平地机、铰接式卡车等产品。分别在瑞典、德国、波兰、美国、加拿大、巴西、韩国、中国和印度设有生产基地,业务遍及 150 多个国家。

在中国，沃尔沃建筑设备（中国）有限公司于 2002 年 3 月成立，总部设在上海。

企业标志：VOLVO

2. 主要产品介绍

沃尔沃建筑设备不断为用户提供最好的产品，设备的每一处都经过精心打造。从设计到生产到销售再到维修服务，沃尔沃建筑设备保证做到使用户满意。主要产品有轮式装载机、履带式挖掘机、铰接式卡车、自行式平地机、摊铺机等。

（1）轮式装载机（以 L350F 轮式装载机为例，见图 2-44） L350F 轮式装载机可以完成多项工作。整台机器、举升臂和附加装置共同构成动力装置，是功能与智能的完美结合。可以快速、平稳地举升，并且举升的重量大、高度高。L350F 是耐用的装载机，能够全天候处理最艰难的工作。

图 2-44　L350F 轮式装载机

（2）履带式挖掘机（以 EC700B 履带式挖掘机为例，见图 2-45） EC700B 履带式挖掘机这一 70t 级的挖掘机拥有 80t 级的主要特征以包括更加坚固的行走部分，更强的泵、回转和行走性能以及同级别中最强大的发动机。以沃尔沃 EC460B 为基础，EC700B 必将成为后来竞争者的领袖，因此用户可以获得所需要的最高性能、舒适度和安全性。

（3）铰接式卡车（以 A40E 铰接式卡车为例，见图 2-46） 新一代发动机符合现有的全部 StageⅢA/Tier3 排放标准；沃尔沃行星变速箱能够在各种速度下提供最大的轮缘拉力。实现 12s 内达到个负荷并且在 9s 内降低载荷，倾卸快速安全。驾驶室的设计舒适并且视野宽敞。

四、德国利勃海尔集团

1. 企业概况

家族企业由汉斯·利勃海尔在 1949 年建立。公司的第一台移动式、易装配、价格适中的塔式起重机获得巨大的成功，成为公司蓬勃发展的基础。今天，利勃海尔不仅是世界工程建筑机械的领先制造商之一，还是被众多领域客户认可的技术创新产品及服务供应商。多年以来，家族企业已经发展成为目前的集团公司，在各大洲成立了 100 余家公司。

整个集团公司的母公司是位于瑞士 Bulle 市的利勃海尔国际有限公司，其拥有者全部是利勃海尔家族的成员。

图 2-45　EC700B 履带式挖掘机

图 2-46　A40E 铰接式卡车

企业标志：**LIEBHERR**

2. 主要产品介绍

利勃海尔集团的产品主要应用于建筑机械领域，如土方设备、塔吊、移动式和履带式起重机、混凝土设备、矿用卡车、海事工程吊车、航空设备和家用电器等。

利勃海尔塔式起重机在通用性方面是无可匹敌的。它拥有采用各种系统和尺寸的机器，型号品种齐全，适用于任何土木工程建设任务。具有良好适应能力的快速架设起重机（见图

2-47）和高效率顶部回转起重机（见图 2-48）在全球居住建筑和大型工业项目中证明了自己的价值。

图 2-47　快速架设起重机

图 2-48　高效率顶部回转起重机

(1) 轮式挖掘机

轮式挖掘机的操作质量范围为 9~113t，采用统一的挖掘机结构设计和最先进的技术。机器可以用于土木工程、工业物料装卸、开挖隧道、水利工程、拆毁及采矿应用等。所有工作装置，包括反铲铲斗、正铲斗、物料装卸或拆毁工作装置，均由利勃海尔自己设计和制造。

例如，以 A924CLitronic 挖掘机为例（见图 2-49），它由利勃海尔柴油发动机提供动力，采用最先进的技术，不论是偏置动臂还是鹅颈动臂，挖掘数值及各种斗杆长度时的起重能力都是非常惊人的；另外，机器还配备支撑平铲或两点外伸支架，或者两者的组合，来获得最优的稳定性。

(2) 浮式挖掘机

利勃海尔浮式挖掘机（见图 2-50）是液压挖掘机的一种变型，根据海上应用的要求而系统地设计制造而来。即使在最恶劣的条件下，高强度设计与出众的应用性能确保了其长使用寿命和最大的可用性，以及最优的环保性。通过选择专为满足清淤工业要求而设计的适当的机器型号及工作装置，可以获得各种应用的完美解决方案，最大挖掘深度可以达到水下 38m。

图 2-49　A924CLitronic 挖掘机

图 2-50　利勃海尔浮式挖掘机

五、日立建机

1. 企业概况

日立建机是一家世界领先的建筑设备生产商，成立于 1970 年 10 月 1 日，总部位于东京。主要进行建筑机械、运输机械及其他机械设备的制造、销售和服务。下属机构为分布在不同国家的 36 家公司，包括美国、加拿大、中国、新加坡、印度尼西亚、泰国、马来西亚、印度、澳大利亚、新西兰、荷兰、英国、法国、意大利和南非。

日立建机（中国）有限公司成立于 1995 年 3 月 27 日，坐落在安徽省合肥市经济技术开发区。公司主营挖掘机及其他建设机械的制造、销售、服务、配件供应。

日立建机（上海）有限公司成立于 1998 年 1 月 8 日，坐落于上海外高桥保税区，由日立建机株式会社、三菱商事株式会社、香港永立建机有限公司、日立（中国）有限公司共同投资。公司主要销售日立品牌的建筑机械产品，并负责所售机器的交付、各种售后服务、仓储管理和提供迅速的配件供应。

企业标志：**HITACHI**

2. 主要产品介绍

日立建机提供各种型号的工程机械设备和附件，工作重量从 0.8t 到 740t，覆盖了所有的功能，包括挖掘、装载、搬运、破裂、抓取、切削、破碎和筛滤。

（1）日立挖掘机　日立建机是世界领先的挖掘机制造商之一，机器具有高度可靠性，因而赢得了广泛的信任。这些机器非常坚固，能应付最恶劣的作业条件，使用户获得最大工作效率。

日立迷你挖掘机（6t 级，见图 2-51）以其高效性、创新性著称。通过改良设计使其在狭小作业场地也能保证高效、安全地运转，因而特别适用于人口密集的城市地区。

日立中型挖掘机（6~40t 级，见图 2-52）以其强劲的动力、较低的油耗和可靠的质量为广大用户所选择。

图 2-51　迷你挖掘机

图 2-52　中型挖掘机

日立建机是大型液压挖掘机（不小于40t级，见图2-53）的市场引领者。通过对质量的不懈追求，并结合卓越的工程机械原理，日立建机制造出了高强度、长使用寿命的机器，同时以环保的发动机、日立建机先进的液压技术、高强度的下部走行体与前端工作装置，以及动力与速度的完美匹配，满足用户在矿业中的各项作业要求。日立ZAXIS-3系列新一代液压挖掘机，在日立建机传统技术的基础上，进一步利用尖端科技，实现了工作装置快速且大容量的操作。

日立正铲挖掘机（见图2-54）动力强劲，操作简便，可以在各类型矿业或建筑工地处理任意大小的装载量。它的高可靠性使用户在保持低保养成本的同时获得最佳的工作效率。

图2-53 大型挖掘机

图2-54 正铲挖掘机

（2）日立轮式装载机（见图2-55） 日立轮式装载机机型众多，品种齐全，操作安全、简便，新手也能很快上手。这些环保型机器给予用户最大的工作效率，保证作业的顺利完成。ZW系列必将为高生产率、易操作的轮式装载机设立新标准。

图2-55 日立轮式装载机

（3）日立橡胶履带式运输车（如图2-56） 日立橡胶履带式运输车动力强劲，是专为泥泞、不平整工地的作业而设计的车辆。即使在重载的情况下，它依然能在松软场地上平稳前进。

六、美国凯斯工程机械公司

1. 企业概况

图 2-56 日立橡胶履带式运输车

美国凯斯工程机械公司（简称凯斯）创建于 1842 年，到了 1912 年凯斯已经将自己定位于建筑工程机械设备行业，生产公路工程机械建筑设备，如蒸汽压路机和公路平地机。从 1957 年的美国拖拉机公司开始，公司通过一系列途径建立了自己的建筑工程机械设备业务。

到 20 世纪 90 年代中期，凯斯已经发展成为在世界上处于领导地位的中小型建筑工程机械设备制造商。1999 年，凯斯与荷兰合并成立 CNH 公司，公司主要从事一系列世界领先品牌的建筑工程机械设备和农用机械设备的生产和销售，是全球最大的工程机械设备投资公司之一。目前，凯斯品牌的产品总共有 50 多个，包括从挖沟机、滑移装载机到大功率挖掘机、轮式装载机在内的系列产品。凯斯产品在 150 多个国家通过其遍布全球各地的代理和经销商进行销售和租赁。

企业标志：

2. 主要产品介绍。

（1）履带式挖掘机（见图 2-57） 以吸收客户建议为特色的凯斯挖掘机非常适合用户的作业环境要求。凯斯拥有很多种类的挖掘机供用户选择，包括标准型号、远距离作业型、窄

图 2-57 履带式挖掘机

行、林区作业型以及许多其他特殊施工作业型。这些机器的特点是：快速循环时问、提升力和崛起力强，其精确的操作控制可以为用户最大程度地提高工作效率。

（2）履带式推土机（见图 2-58） 凯斯的履带式推土机，动力强劲，可以从事任何艰难的工作，并且操作精准，可以进行最后的平整工作。

图 2-58　履带式推土机

（3）挖掘装载机（见图 2-59） 凯斯挖掘装载机以其处于领先地位的性能领导同类产品。凯斯挖掘机的特点是：快速回应安静舒适、出色的工作能力以及持久的耐用性；对于不同的挖掘深度和起重量，用户可以选择不同的型号。

图 2-59　挖掘装载机

七、瑞典戴纳派克公司

1. 企业概况

戴纳派克是全球最大的压实摊铺设备制造商之一，总部设在瑞典的马尔莫，在瑞典、德国、法国、巴西和中国拥有生产工厂，产品销往全球超过 115 个国家。

戴纳派克（中国）压实摊铺设备有限公司，作为戴纳派克在中国投资的第一家生产厂，成立于 1999 年，它是一个外商独资企业并于 2001 年夏季开始投产，产品主要为各种型号的戴纳派克压路机、摊铺机及轻型压实设备。

企业标志：**DYNAPAC**

2. 主要产品介绍

（1）单钢轮压路机（见图 2-60）

① 戴纳派克的中小型单钢轮振动压路机适用于碾压所有类型的土壤（除填石外）。

图 2-60 单钢轮压路机

② 戴纳派克的重型单钢轮振动压路机使用非常广泛，其钢轮厚度和等级适用于填石，同时也以碾压其他类型二级材质的卓越性能而著名。

③ 戴纳派克的 CT262 黏土压路机适用于大面积碾压黏性和半黏性土壤，以高速的碾压速度为市场提供最高的路面施工效率。

（2）双钢轮压路机（见图 2-61）

图 2-61 双钢轮压路机

① 戴纳派克的 CC800/900/100 是体积最小的双钢轮振动压路机，适用于非常小的压路作业，如人行道和窄车道。

② 戴纳派克的 CC120/122/132/142 是铰接式双钢轮振动压路机，其中 CC120/122 主要

设计用于小型建筑区内的压路作业，如人行道、自行车道和车库入口；CC132/142主要设计用于大型建筑区内的街道和道路压实作业。

③ 戴纳派克的CC222/232/322是铰接式中型双钢轮振动压路机，主要设计用于压实主要道路、街道和开阔工业建筑区。

④ 戴纳派克的CC422/432/522/622/722是重型双钢轮振动压路机，主要设计用于压实主干线公路、高速公路和机场建设。

（3）摊铺机（见图2-62）

图2-62 摊铺机

① 戴纳派克的多功能摊铺机采用卓越的技术性能以满足各种不同建筑应用的需求，包括高速公路和市区道路建筑、道路养护或修复作业。

② 戴纳派克的F8W//F121W型轮式摊铺机以其稳定性著称，可以在各种工况下使用多年。结合其灵活性，这种机械是市区道路摊铺的理想选择。

③ 戴纳派克的F141C/F150C/F181C型履带式摊铺机可用于不平坦地面作业，精确的电子控制系统操作确保满意的摊铺效果。

八、德国阿特拉斯公司

1. 企业概况

德国阿特拉斯公司是世界著名的工程机械生产企业，在全球有5家工厂，是世界第一台全液压挖掘机的诞生地，其ATLAS液压挖掘机在欧洲畅销50余年，承受了欧洲各种恶劣工况的严峻考验，在欧洲的占有率近20%，投资组建中国阿特拉斯是ATLAS这个蜚声欧美的挖掘机品牌第一次进入亚洲市场。

阿特拉斯工程机械有限公司（简称中国阿特拉斯）是中德合资的大型挖掘机制造企业，成立于2004年2月28日，是由内蒙古北方重型汽车股份有限公司和美国特雷克斯（TEREX）集团旗下德国阿特拉斯（ATLAS）公司共同投资组建。中国阿特拉斯位于中国的著名装备制造业基地——包头市。

阿特拉斯·科普（沈阳）建筑矿山设备有限公司是阿特拉斯·科普集团的全资子公司。

阿特拉斯·科普集团是一家全球领先的工业生产方案供应商。主要从事建筑及矿山设备的研发、制造、营销和客户服务。主要产品包括：气动凿岩机、气动破碎工具、气动工业工具、液压凿岩机、液压破碎锤、凿岩钻机、钻架、相关配件、附具等。公司前身成立于 1955 年，是中国首家气动凿岩机及气动工具生产商，在该领域具备国际一流的研发生产能力。

2. 主要产品介绍

（1）挖掘机　阿特拉斯生产的主流产品是具有世界先进水平的 ATLAS20～36t 级、斗容在 $0.8～1.9m^3$ 的 ATLAS 液压履带式挖掘机（见图 2-63），其主要型号有 2006LC、2306LC、3306LC。

图 2-63　液压履带式挖掘机

主要优点是：性能先进，技术独特，功率大，油耗小，作业效率高，使用成本低，整机匹配功率大，持续作业时间长；所配置的电控系统使发动机功率利用充分，节省燃油；舒适的驾驶室，操作方便；工作装置经典，匹配合理；行走通过性好，可分两速；回转灵活自如，制动可靠；标准配置齐全，工具可选。

（2）凿岩机（以 YT29A 型气腿式凿岩机为例，见图 2-64）　YT29A 型气腿式凿岩机主要应用于铁路、公路、水电等建设施工，冶金、煤炭等矿山巷道掘进及各种凿岩作业。

主要优点：

① YT29A 型气腿式凿岩机是重型气腿式凿岩机，具有高效、低耗的特点，适宜于中硬和坚硬（$f=8～18$）岩石上钻凿水平和倾斜孔，也可以向上钻凿锚杆孔。

② 根据巷道断面大小和作业条件可以配套 FT160A（或 FT160B、FT160C），还可以与钻车或钻架配套进行干、湿式凿岩。

③ 输出功率大，凿岩最快，超强的润滑系统保障运动件长时间的工作，整机优化设计，冲击能和冲击频率达到了最佳匹配，是实现快速凿岩的理想工具。

（3）钻机（以 KQJ90 型钻机为例，见图 2-65）　KQJ90 型钻机主要用于中小型露天采

图 2-64 YT29A 型气腿式凿岩机

图 2-65 KQJ90 型钻机

矿场、采石厂、水利和交通建设工程中台阶式施工向下或向下与水平方向间潜孔钻凿爆破孔作业。

主要优点：

① 单一压缩气体动力和气液联合动力的潜孔钻机及系列锚杆钻机，是客户低成本施工设备中的最佳选择。

② 该钻机结构简单，操作灵便，动力单一，体积小，质量小，移位方便，非常适合在复杂、崎岖窄小或凸凹不平的地势取代手持式凿岩机钻孔作业，大大地提高了爆破效率。

九、韩国斗山工程机械有限公司

1. 企业概况

斗山工程机械有限公司（DICC，简称斗山）是于 1994 年 10 月 1 日成立，1996 年 6 月 28 日正式竣工投产的韩国独资企业。主要从事挖掘机、叉车和发动机的生产、销售。

企业标志：

2. 主要产品

斗山的主要产品包括挖掘机、轮式装载车、起重机、混凝土泵车等种类,逐步成长为韩国最大规模的建筑用重装备企业。

(1) 挖掘机(见图 2-66)　斗山挖掘机按照整机质量和额定功率进行分类,品种齐全,应用十分广泛。小型挖掘机:体积小巧,动作灵活,操作便捷;适合在狭小的空间、高难度的作业环境中作业;适合隧道、管线的挖掘,边坡的修整,以及农林等行业的小型施工;具有出色的工作效率及卓越的性能。

中型挖掘机:中型挖掘机是目前市场上最畅销的产品型号;动力更强劲,单位时间作业量更大。在常见的土方施工中多采用此规格挖掘机,如地基挖掘,公路、铁路路基的修建等。

大型挖掘机:操作舒适,驾驶安全,动力强劲,作业效率高;广泛应用于中大型土石方工程、水利工程及矿山中。

(2) 装载机(见图 2-67)　斗山有 DL303 和 DL503 两种型号的装载机。

图 2-66　挖掘机

图 2-67　装载机

主要特点:优良的冷却性能,可进行连续性的高负荷作业;便捷舒适的操作环境以及低噪声,减轻驾驶员的疲劳;以严格的耐久性实验及尖端技术的应用,实现故障率的最小化;以合理化设计,将重心移至后轮轴处,改善装备的稳定性;转向角度设计成 40°,使行走时的转弯半径最小化,满足狭窄的作业场所作业需求;舒适的驾驶空间,使驾驶员与装载机融为一体;强大的动力引擎,强劲的爆发力,能够满足在各种恶劣工况下作业的需求。

(3) 工程车(见图 2-68)

① 动力:使用性能可靠且动力强大的 Scania Diesel 发动机来实现最佳传动效果,并获得最大的车轮净动力传输,以及最大程度地节省燃料。

② 牵引力:永久六轮驱动和动力传动系统中主元件之间的杰出配合可确保将动力均匀地分配到所有车轮,从而能够适应任何工地环境,即使在崎岖地形中也可达到最大牵引性能。

③ 稳定性:独创的自由摆动尾部串联转向架和特设的铰接系统可始终确保无论在柔软还是坚硬的地形条件中均可实现最佳地面接触,并使前轮在任何情况下均能够均匀承重,即使在行驶过程中进行最大限度的转弯时也能获得最大的稳定性。

④ 舒适性:驾驶室内振动和噪声得到显著降低,视野开阔以及空气悬架式的操作员座椅;卓越的变速排挡功能使操作员能够以自动挡和手动挡两种方式驾驶卡车,从而确保了操作卡车时换挡尽可能平稳,并获得尽可能稳定的动力。

图 2-68 工程车

十、法国法亚集团

1. 企业概况

法亚集团,自 1957 年成立以来,作为一个独立的跨国企业集团,主要活跃于以下六个主要领域:土木工程与工民建、钢结构、电子电气与信息技术、道路建设与养护、物流与吊装设备以及压力容器制造。

在 2005 年 10 月,法亚集团在上海的法亚(中国)机械有限公司(以下简称法亚中国机械)宣告成立。

在道路建设与养护领域方面,法亚集团有三个著名的子公司,玛连尼公司 MARINI、百灵公司 Breining 和宝马格公司 BOMAG。

2. 玛连尼公司 MARINI

其主要产品有玛连尼 MAC 系列新型固定间歇式沥青拌和设备和玛连尼移动式沥青热拌和设备。

(1) 玛连尼 MAC 系列新型固定间歇式沥青拌和设备(图 2-69)。

主要特点:经全面三维设计,吸收了其他产品系列的优点与最新专利技术,实现各部件最佳匹配和性能优化。能够大量节能节耗,安装时间可以大幅度缩短,并充分考虑了操作、维护的便利性,人机友好;采用法国 CBS 高性能静音式燃烧器,用以解决国内燃料品质来源难以控制的问题。

适用范围:根据施工规范或要求,需要通过两次筛分来控制骨料的级配特性曲线的场合。

(2) 玛连尼移动式沥青热拌和设备

主要特点:移动式沥青混凝土拌合站是专为需要对物料颗粒进行筛选的工地设计。减少运输搅拌机的费用;减少低温作业时的能量消耗;无需安装许可证;配有一系列的配件和附件,可以满足所有作业需要,确保移动式工地的多功能性。

3. 百灵公司 Breining

其主要产品有自卸式洒布机、沥青碎石同步封层设备、稀浆封层及微表处理设备和多功能的沥青灌缝设备。

(1) 百灵自卸式洒布机

主要特点:洒布宽度为自动变量,最宽可达 3.8 米,可用微处理器同步控制水平油缸;

采用变速喂料机可拆除的装卸系统；自动控制洒布计量和速度；前行的同时洒布沥青粘合剂和石屑；重新装载石屑料斗只需5分钟。

（2）百灵沥青碎石同步封层设备

主要特点：机身低且置于一个非常低的底盘上，确保机器有出色的机动性。此外，完全符合道路规章对最高轴载的要求；喷把和石屑洒布机的配置可根据实际应用进行调整；驾驶舱安全性高，完全符合最高轴载要求；钢制的固定料斗为方筒状，便于物料自行流出；旋转式计量棒可调整石屑的提取高度。

4. 宝马格公司 BOMAG

其主要产品有各种系列的宝马格新一代单钢轮压路机和宝马格铰接式重型串列双钢轮振动压路机。

（1）宝马格新一代单钢轮压路机（图2-70）。

图 2-69 MAC 系列新型固定间歇式沥青拌和设备

图 2-70 宝马格单钢轮压路机

主要特点：具有更好的爬坡能力；钢轮和振动驱动的液压软管具有保护装置；全新的刮板设计更容易触及，即使在压实潮湿的黏性土壤时也不会出现阻塞现象；一切尽在视野及操控范围内；操作简单、安全；更好的照明性能，四个大的前灯足以把黑夜变成白昼。

（2）宝马格重型铰接式双钢轮振动压路机

主要特点：驾驶室在舒适性和安全性方面树立了新的业内标准；新的款式、动力和安全标准；全新的设计理念带来了出众的视野和无与伦比的工地安全性；与众不同的倾斜支腿不仅使机器看起来更美观，而且在地面上很容易触及所有的维修点。

本章习题

1. 对三一重工的主要产品进行介绍。
2. 简述小松产品的性能特点。
3. 简述沃尔沃产品的性能特点。
4. 简述中联重科产品特点。
5. 简述柳工产品性能。
6. 简述山推主要产品。
7. 简述利勃海尔主要产品。
8. 简述凯斯主要产品。

下篇

工程机械鉴定与评估

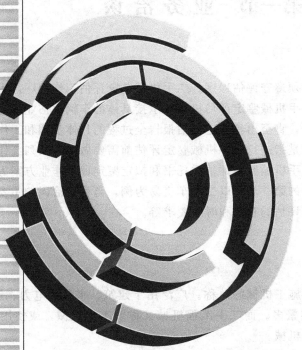

第三章

前期准备

【学习目标】
一、学习重点
1. 掌握对二手工程机械评估人员的要求内容。
2. 二手工程机械鉴定评估的范围。
3. 二手工程机械鉴定评估的业务类型。
二、学习难点
1. 二手工程机械鉴定评估的原则
2. 签订二手工程机械鉴定评估委托书

第一节 业务洽谈

一、业务分析

二手机械鉴定评估时，必须遵守评估程序。二手机械鉴定评估工作程序，也称为二手机械鉴定评估操作程序，是指二手机械鉴定评估机构在承接具体的车辆评估业务时，从接受立项、受理委托到完成评估任务，直至出具鉴定评估报告全过程的具体步骤和工作环节。

鉴定评估的前期准备工作是指进行二手机械鉴定评估前需要做的一系列工作，主要包括业务洽谈、实地考察、签订二手机械鉴定评估委托书和拟定鉴定评估作业方案等。

业务洽谈是承接评估业务的第一步。以二手车交易为例，与客户洽谈的主要内容有：车主基本情况、车辆情况、委托评估的意向和时间要求等。

二、业务相关知识

（一）二手工程机械

工程机械用于工程建设的施工机械的总称。广泛用于建筑、水利、电力、道路、矿山、港口和国防等工程领域，种类繁多。而二手工程机械又称旧工程机械，或使用过的工程机械，但是还是可以使用的工程机械。

人类采用起重工具代替体力劳动已有悠久历史。史载公元前1600年左右，中国已使用桔槔和辘轳。前者为一起重杠杆，后者是手摇绞车的雏形。古代埃及和罗马，起重工具也有较多应用。近代工程机械的发展，始于蒸汽机发明之后，19世纪初，欧洲出现了蒸汽机驱动的挖掘机、压路机、起重机等。此后由于内燃机和电动机的发明，工程机械得到较快的发展。第二次世界大战后发展更为迅速。其品种、数量和质量直接影响一个国家生产建设的发展，故各国都给予很大重视。

按其用途主要分为：①挖掘机械。如单斗挖掘机（又可分为履带式挖掘机和轮胎式挖掘机)、多斗挖掘机（又可分为轮斗式挖掘机和链斗式挖掘机）、多斗挖沟机（又可分轮斗式挖沟机和链斗式挖沟机）、滚动挖掘机、铣切挖掘机、隧洞掘进机（包括盾构机械）等。②铲土运输机械。如推土机（又可分为轮胎式推土机和履带式推土机）、铲运机（又可分为履带自行式铲运机、轮胎自行式铲运机和拖式铲运机）、装载机（又可分为轮胎式装载机和履带式装载机）、平地机（又可分为自行式平地机和拖式平地机）、运输车（又可分为单轴运输车和双轴牵引运输车）、平板车和自卸汽车等。③起重机械。如塔式起重机、自行式起重机、桅杆起重机、抓斗起重机等。④压实机械。如轮胎压路机、光面轮压路机、单足式压路机、振动压路机、夯实机、捣固机等。⑤桩工机械。如钻孔机、柴油打桩机、振动打桩机、压桩机等。⑥钢筋混凝土机械。如混凝土搅拌机、混凝土搅拌站、混凝土搅拌楼、混凝土输送泵、混凝土搅拌输送车、混凝土喷射机、混凝土振动器、钢筋加工机械等。⑦路面机械。如平整机、道碴清筛机等。⑧凿岩机械。如凿岩台车、风动凿岩机、电动凿岩机、内燃凿岩机和潜孔凿岩机等。⑨其他工程机械。如架桥机、气动工具（风动工具）等。

（二）二手工程机械鉴定评估的主体与客体

二手工程机械鉴定评估是指二手机械鉴定评估机构对二手机械技术状况及其价值进行鉴定评估的经营活动。

二手工程机械评估属于资产评估，因此二手工程机械鉴定评估理论和方法以资产评估学为基础。评估主要由六个要素构成，包括评估的主体、评估的客体、评估的目的、评估的程序、评估的标准和评估的方法。

二手工程机械鉴定评估的主体是指二手机械评估业务的承担者；二手工程机械鉴定评估的客体是指被评估的机械设备；二手工程机械鉴定评估的目的是指二手机械发生经济行为的性质；评估程序是指二手工程机械鉴定评估工作从开始到结束的工作程序；二手工程机械鉴定评估标准是对鉴定评估采用的计价标准；二手工程机械鉴定评估的方法是指确定二手工程机械评估值的手段和途径。

1. 二手工程机械鉴定评估的主体

二手工程机械评估的主体是指二手机械评估业务的承担者，即从事二手机械评估的机构及专业评估人员。由于二手机械评估直接涉及当事人双方的权益，是一项政策性和专业性都很强的工作，所以无论是对专业评估机构，还是对专业评估人员都有较高的要求。

（1）对二手工程机械评估机构的要求

按照我国1991年11月颁布的《国有资产评估管理办法》第九条的规定，资产评估公司、会计师事务所、审计事务所、财务咨询公司，必须获有省级以上国有资产评估资格证书，才能从事国有资产评估业务。依照原国家计委颁布的《价格评估机构管理办法》设立的价格评估机构，有资格对流通中的二手工程机械商品进行鉴定和评估。

依据我国保险监督委员会公布的《保险公估机构管理规定》设立的保险公估机构，也可经营汽车承保前的估价与出险后的估损等相关业务。

（2）对专业二手工程机械评估人员的要求

① 二手工程机械专业评估人员必须掌握一定的资产评估业务理论，熟悉并掌握国家颁布的与二手工程机械交易有关的政策、法规、行业管理制度及有关的技术标准。

② 具有一定的二手工程机械专业知识和实际的检测技能，能够借助必要的检测工具，对二手工程机械的技术状况进行准确的判断和鉴定。

③ 具有较高的收集、分析和运算信息资源的能力及一定的评估技巧。

④ 具备经济预测、财务会计、市场、金融、物价、法律等多方面的知识。

⑤ 具有良好的职业道德，遵纪守法、公正廉明，保证二手工程机械评估质量。

此外，二手工程机械的从业人员还需要经过严格的职业资格考试或考核，从事二手工程机械评估定价的从业人员必须取得商务部颁发的《旧机动车鉴定估价师职业资格证书》，从事二手工程机械保险评估的从业人员必须取得保监会颁发的《保险公估从业人员资格证书》。

2. 二手工程机械鉴定评估的客体

二手工程机械鉴定评估的客体是指被评估的工程机械。二手工程机械鉴定评估的一个主要目的，就是在二手工程机械的交易过程中准确地确定二手机械价格，并以此作为买卖成交的参考底价。

(三) 二手工程机械鉴定评估的意义和目的

1. 二手工程机械鉴定评估的目的

二手工程机械鉴定评估的目的是为了正确反映二手工程机械的价值量及其波动情况，为将要发生的经济行为提供公平的价格尺度。具体而言，二手工程机械鉴定评估的目的有以下几点：

① 机械交易。机械设备交易是二手工程机械业务中最常见的一种经济行为。在二手工程机械的交易过程中，买卖双方对交易价格的期望值是不同的。而二手工程机械鉴定估价人员对交易的二手工程机械进行的鉴定估价是第三方估价，可以作为双方议价的基础，从而起到协助确定二手机械交易成交额的作用，进而协助二手工程机械交易的达成。评估师必须站在公正、独立的立场对交易机械进行评估，提供评估值，作为买卖双方成交的参考价格。

② 机械置换。随着中国经济的急速发展，广阔的中国大地将成为一个大型的循环市场，我国二手工程机械设备市场需求与日俱增。为了在中国占有一席之地，提高自己品牌的占有率，各工程机械制造厂家将进入到一个激烈竞争的时代。这就导致如二手车的"以旧换新"等业务的全面展开，为了使二手机械置换顺利进行，必须对待置换的二手机械进行鉴定评估并提供评估值。

③ 企业资产变更。在公司合作、合资、联营、分设、合并、兼并等经济活动中，牵涉资产所有权的转移，机械设备作为固定资产的一部分，自然也存在产权变更的问题，在产权变更时，必须对其价值进行评估。

④ 机械拍卖。法院罚没机械、企业清算机械、海关获得的抵税和放弃机械、个人或单位的抵债机械须经过拍卖市场公开拍卖变现，拍卖前必须对机械进行评估，为拍卖师提供拍卖的底价。

⑤ 抵押贷款。银行为了确保放贷安全，要求贷款人以一定的资产作为抵押。如果以在用机械设备为抵押物，给予贷款人与机械价格相适应的贷款，那么，这个抵押物到底值多少钱，也只有经过评估才能确定。因此，需要专业评估人员对机械设备的价格进行评估。工程机械价格评估值的高低，对贷款人则决定其可申请贷款的额度；对放贷者而言，评估的准确性一定程度上影响着贷款回收的安全性。

⑥ 司法鉴定。当事人遇到涉及机械设备的诉讼时，委托鉴定估价师对车辆进行评估，有助于把握事实真相；同时，法院判决时，可以依据评估结果进行宣判，这种评估亦可由法院委托评估机构进行。此外评估机构亦接受法院等司法部门或个人的委托鉴定。

2. 二手工程机械鉴定估价的意义

对二手工程机械鉴定估价过程不仅仅是原有价值重置和现实价值形成过程，其背后还隐含着很多深层次的重要意义。

① 二手工程机械进入市场再流通，属固定资产转移和处置范畴，按国家有关规定应缴纳一定的税费。目前各地对这一块税费的征管，基本是以交易额为计征依据，实行比率税（费）率，采用从价计征的办法，而这里的计征依据实质上就是评估价格。因此，二手工程机械鉴定估价的准确与否直接关系到国家税收和财政收入的多少及其公正合理性。

② 我国是发展中国家，很多工程机械为国家和集体所有，因此对二手车的鉴定估价很大程度上就是对国有资产的评估，评估结果直接关系到国有资产是否流失的问题。

③ 二手工程机械属特殊商品。二手工程机械流通涉及资产管理，属特殊商品流通。目前我国对进入二级市场再流通的二手工程机械有严格的规定，鉴定估价环节恰是防止非法交易发生的重要手段。

④ 二手工程机械鉴定估价还关系到金融系统有关业务的健康有序开展，司法裁决公平、公正进行及企业依法破立、重组的诸多经济和社会问题。特别是在目前二手工程机械市场已逐步成为我国工程机械市场不可分割的重要组成部分的情况下，我们应该把科学准确地对二手工程机械进行鉴定估价提高到促进工程机械行业进步，有效扩大需求，乃至保障国民经济持续稳定发展和社会安定的高度来认识和把握。

（四）二手工程机械鉴定评估的范围

随着工程机械与经济和社会活动联系的紧密和功能的拓展，机械设备鉴定评估行为也逐步渗透到社会的各个领域，成为资产评估的重要组成部分。

① 在流通领域，二手工程机械在不同消费能力群体中互相转手，需要鉴定估价。

② 有关企业开展收购、代购、代销、租赁、置换、回收（拆解）等二手工程机械业务需要鉴定估价。

③ 在金融系统、银行、信托商店及保险公司开展抵押贷款、典当、保险理赔业务时，需要对相关机械设备进行鉴定估价。

④ 有关单位通过拍卖形式处理罚没、抵押、企业清算等的机械设备时，需要对机械设备进行鉴定评估以获取拍卖底价。

⑤ 司法部门在处理相关案件时，也需要以涉案机械的鉴定评估结果作为裁定依据。

⑥ 企业或个人在公司注册、合资、合作、联营及合并、兼并、重组过程中也会涉及二手机械鉴定评估业务。

（五）二手工程机械鉴定评估的业务类型

按鉴定估价服务对象的不同，把鉴定估价的业务类型分为交易类业务和咨询服务类业务。

交易类业务是服务于交易市场内部的二手机械交易，主要目的是判定二手机械的来历、确定收购价格、为交易双方提供交易的参考价格等。

咨询服务类业务是服务于交易市场外部的非交易业务，如资产评估（设计机械设备部分）、抵押贷款估价、法院咨询等。

交易类业务和咨询服务类业务一般都是有偿服务，其评估的程序和作业内容并没有太大的差别，但依评估的特定目的的不同，其评估作业的侧重点有所不同。例如，交易类评估的侧重点是二手机械的来历、能否进入二手机械市场流通及二手机械的估价；而咨询服务类牵涉识伪判定、交易程序解答、市场价格询问、国家相关法规咨询等方面的内容多些，当然也有一些要求提供正式的机械评估价。

(六) 二手工程机械鉴定评估的依据和原则

1. 二手工程机械鉴定评估的依据

二手工程机械鉴定估价实质上属于资产评估的范畴，因此其理论依据必然是资产评估学的有关理论和方法，在操作中应遵守我国有关资产评估和管理的有关政策法规，具体涉及二手机械价格评估的主要有：《国有资产评估管理办法》、《国有资产评估管理办法实施细则》及其他有关的政策法规。另外，二手机械价格评估中的价格依据主要有历史依据和现实依据。前者主要是二手机械的账面原值、净值等资料，它具有一定的客观性，但不能作为估价的直接依据；后者在评估价值时以评估基准日为准，即以现实价格、现实机械功能状态等为准。

2. 二手工程机械鉴定评估的原则

二手工程机械鉴定评估工作的原则是对二手机械鉴定评估行为的规范。为了保证鉴定估价结果的真实、准确，做到公平合理，被社会承认，二手机械的鉴定评估必须遵循一定的原则。

① 公平性原则。评估人员必须处于中立的立场上对车辆进行评估。这是鉴定估价人员应遵守的一项最基本的道德规范。目前在不规范的二手机械市场中，经常有鉴定估价人员和二手机械经销经纪人员互相勾结损害消费者利益或私卖公高估而公卖私低估的现象发生，这是严重违反职业道德的行为。

② 独立性原则。独立性原则要求二手机械评估师依据国家的有关法律和规章制度及可靠的资料数据对被评估的机械设备独立地做出评定。坚持独立性原则，是保证评定结果具有客观性的基础。要坚持独立性原则，首先评估机构必须具有独立性，评估机构不应从属于和交易结果有利益关系的二手机械市场，目前已不允许二手机械市场建立自己的评估机构。

③ 客观性原则。客观性原则是指评估结果应有充分的事实为依据。评估工作应尊重客观实际，反映被评估机械的真实情况，所收集的与被评估机械相关的统计数据准备；它要求机械设备技术状况的鉴定结果必须翔实可靠，只是这样才能达到对被评估机械现值的客观评估。

④ 科学性原则。科学性原则是指二手机械的评估过程中，必须依据评估的目的，选用合理的评估标准和评估方法，使评估结果准确合理。如以拍卖、抵押等适用清算价格标准计算；而一般的机械设备交易则选用重置成本标准或现行市价标准。

⑤ 专业性原则。专业性原则要求鉴定估价人员，接受国家专门的职业培训，获得国家颁发的统一职业资格证书才能上岗。

⑥ 可行性原则。可行性原则也称有效性原则，要求评估人员有国家注册的评估师证；有可资利用的机械检测设备；能获得评估所需的数据资料，而且这些数据资料是真实可靠的；评估的程序和方法是合法的、科学的。

三、业务实施

1. 了解二手工程机械所有人基本情况

二手工程机械所有人，指机械设备所有权的单位或个人。接受委托前应了解委托者是否是机械所有人，是机械所有人的即有处置权，否则，无机械处置权；同时还应了解机械所有人单位（或个人）名称、隶属关系和所在地等。

2. 了解二手工程机械所有人要求评估的目的

评估目的是评估所服务的经济行为的具体类型，根据评估目的，选择计价标准和评估方法。一般来说，委托二手工程机械交易市场评估的大多数是属于交易类业务，二手机械所有人要求评估价格的目的大都是作为买卖双方成交的参考底价。

3. 了解估价对象及其基本情况

① 二手机械名称、型号、生产厂家和出厂日期。

② 二手机械合格证。

③ 新机械来历，是市场上购买，还是罚没处理，或是捐赠。

④ 机械性质，是公有还是私有。

⑤ 购买手续是否齐全。

对上述基本情况了解清楚以后，就可以作出是否接受委托的决定。如果接受委托，就要签订二手机械鉴定评估委托书。

对于评估数量较多的业务，在签订二手机械鉴定评估委托之前，应安排到实地考察评估对象的情况。实地考察的目的是了解鉴定评估的工作量、工作难易程度和机械设备现时状态（在用、已停放很久不用、在修）。

4. 填写评估作业表

当确定接受委托后，接待人员将完成《二手机械评估作业表》部分内容的填写工作，以液压装载机机械评估表（附表1）为例，具体应填写的内容见附表1。如果洽谈时，委托方携带了相关证件，则可根据证件的内容补充填写更多的内容。

第二节　签订二手工程机械鉴定评估委托书

一、任务分析

二手工程机械鉴定评估委托书是受托方与委托方对各自权利和义务的协定，是一项经济合同性质的契约。

二手工程机械委托书必须符合国家法律、法规和资产评估业的管理规定。涉及国有资产占有单位要求申请立项的二手机械鉴定评估业务，应由委托方提供国有资产管理部门关于评估立项申请的批复文件，经核实后，方能接受委托，签署委托书。

二、相关知识

(一) 二手工程机械鉴定评估机构的职能

1. 评估职能

评估即评价、估算，指对某一事物或物质进行评判和预估。评估职能是评估所应具有的作用。二手工程机械鉴定评估机构与其他公估人一样具有一种广义的评估职能，包括评价职能、勘验职能、鉴定职能、估价职能等。二手工程机械鉴定评估机构对二手工程机械进行评估，得出评估结论，并说明得出结论的充分依据和推理过程，体现出其评估职能。评估职能是二手工程机械鉴定评估机构的关键职能。

2. 公证职能

二手工程机械鉴定评估机构对二手工程机械评估结论作出符合实际、可以信赖的证明。二手工程机械鉴定评估机构之所以具有公证职能，是因为以下两点。

① 二手工程机械评估机构有丰富的二手工程机械评估知识和技能，在判断二手工程机

械评估结论准确与否的问题上最具资格和权威性。

② 作为当事人之外的第三方，二手工程机械鉴定评估机构完全站在中立、公正的立场上就事论事、科学办事。

公正职能是二手工程机械鉴定评估机构的重要职能，并具有以下特征。

① 这种公证职能虽然不具备定论作用，但却有促成事故结案、买卖成交的作用，因为当事人双方难以找出与评估结论完全不同的原因或理由。

② 这种公证职能虽然不具备法律效力，但该结论可以接受法律的考验。这是因为二手工程机械鉴定评估的评估结论确定之后，必须经当事人双方接受才能结案或买卖成交。一旦当事人双方有一方不能接受，则可选择其他途径解决，如调解协商、仲裁或诉讼。但是，二手工程机械鉴定评估机构可以接受委托出庭辩护，甚至可被聘请为诉讼代理人出庭诉讼，本着对委托方特别是对评估报告负责的原则，促成双方接受既定结论。

3. 中介职能

二手工程机械鉴定评估机构作为中介机构，从事评估经济活动，并参与相关利益的分配，为当事人提供服务，具有鲜明的中介职能。

① 二手工程机械鉴定评估机构可以委托于双方当事人的任何一方。

② 二手工程机械鉴定评估机构以当事人之外的第三方身份从事二手工程机械评估经营活动，从当事人一方获得委托，以中间人立场执行二手机械评估，并收取合理费用。

这样，二手工程机械鉴定评估机构以中间人的身份，独立地开展二手机械评估，从而得出评估结论，促成双方当事人接受该结论，为当事人提供中介服务，从而发挥其中介职能作用。

（二）二手工程机械鉴定评估机构的特征

1. 经济性

二手工程机械鉴定评估机构通常需通过相关的专业技术人员，接受诸多当事人的委托，处理不同类型的二手工程机械评估业务，积累二手工程机械评估经验，提高二手工程机械评估水平，从而帮助当事人降低成本，提高经济效益。

2. 专业性

二手工程机械鉴定评估机构的市场定位是向众多当事人提供专业的评估业务。由于其对特定的对象（二手工程机械）进行评估，而工程机械种类繁多，当事人的要求又千差万别，所以，二手工程机械鉴定评估机构比一般的资产评估机构在评估技术方面更专业，经验更丰富。

3. 中介性

二手工程机械鉴定评估机构作为二手机械交易市场的中介，易被双方当事人所接受，因而可以缓解当事人双方的矛盾并增大回旋余地。可以说，二手工程机械鉴定评估机构是减少当事人之间摩擦的润滑剂。然而，二手工程机械鉴定评估机构毕竟是以获取利润为目标的中介组织，因此，无论评估人本身是否出于商业目的，公众及媒体不应过于强调其公正性，特别是现阶段，二手工程机械鉴定评估机构的法律地位完全不同于我国司法系统中的公证部门。

需要说明的是，如果二手工程机械鉴定评估机构的工作使委托人不满意，当事人可以要求改进甚至推倒重来，毕竟结果最终还是涉及当事人的利益。由此可见，二手工程机械鉴定评估机构因工作失误而给当事人造成的损失是极为有限的。它与其他中介机构的作用有很大不同。

除了上述三个特征之外，在有些具体业务领域，对从业人员的要求还具有严格性。二手工程机械鉴定评估人员除应具有工程机械专业技术知识外，还需具有财务、会计、法律、经济、金融、保险等知识。

(三) 二手工程机械鉴定评估机构的地位

二手工程机械鉴定评估机构的地位是独立的，主要表现在如下几个方面。

① 二手工程机械鉴定评估机构执行评估业务时，既不代表双方当事人，也不受行政权力等外界因素干扰。

② 在开展二手工程机械评估业务的整个进程中，机械评估执业人员保持着独立的思维方式和判断标准。

③ 二手工程机械鉴定评估人员的评估分析和结论保持独立性，这一特征在二手工程机械鉴定评估机构所出具的评估报告中得以充分体现。

④ 二手工程机械鉴定评估人员具有知识密集性和技术密集性的特征，在二手工程机械评估领域具有一定的权威地位，但从法律的角度看，这种权威地位是相对的。从市场地位而言，二手工程机械鉴定估价人员必须坚持独立的立场，无论针对哪一方委托的事务都应作出客观、公正的评判。

(四) 设立二手工程机械鉴定评估机构应具备的条件和程序

1. 二手工程机械鉴定评估机构应具备的条件

二手工程机械鉴定评估机构应具备的条件如下：

① 经营者必须是独立的中介机构。

② 有固定的经营场所和从事经营活动的必要设施。

③ 有3名以上从事二手工程机械鉴定评估业务的专业人员。

④ 有规范的规章制度。

2. 设立二手工程机械鉴定评估机构的程序

设立二手工程机械鉴定评估机构，应当按下列程序办理。

① 申请人向拟设立二手工程机械鉴定评估机构所在地省级商务主管部门提出书面申请，并提交相关资料。

② 省级商务主管部门自收到全部申请材料之日起20个工作日内作出予以核准的决定，对予以核准的，颁发核准证书，不予核准的，应当说明理由。

③ 申请人持核准证书到工商行政管理部门办理登记手续。

外商投资设立二手工程机械交易市场、经销企业、经济机构、鉴定评估机构的申请人（外资并购二手工程机械交易市场和经营主体，以及已设立的外商投资企业增加二手工程机械经营范围的），应当分别持符合《外商投资商业领域管理办法》和有关外商投资法律规定的相关材料报省级商务主管部门。省级商务主管部门进行初审后，自收到全部申请材料之日起1个月内上报国务院商务主管部门。合资中方有国家计划单列企业集团的，可直接将申请材料报送国务院商务主管部门。国务院商务主管部门自收到全部申请材料3个月内会同国务院工商行政管理部门，作出是否予以批准的决定，对于以批准的，颁发或换发《外商投资企业批准证书》；不予批准的，应当说明理由。申请人持《外商投资企业批准证书》到工商行政管理部门办理登记手续。

三、任务实施

接待人员通过询问委托人以及委托人携带的机械资料，认真填写下表中的规定内容，并经双方签字后，将其中的一份送与委托人，另一份由评估机构保存。

二手车鉴定评估委托书

编号：_____

二手车鉴定评估机构：_____

因 [ ] 转籍 [ ] 拍卖 [ ] 置换 [ ] 抵押 [ ] 担保 [ ] 咨询 [ ] 司法裁决需要，特委托你单位对车辆（号牌号码____车辆类型____发动机号____车架号____）进行技术状况鉴定并出具评估报告书。

附：**委托评估车辆基本信息**

	车主		身份证号码/法人代码证		联系电话	
	住址				邮政编码	
	经办人				联系电话	
	住址		身份证号码		邮政编码	
车辆情况		厂牌型号			使用用途	
		排量			燃料种类	
		初次登记日期	年 月 日		车身颜色	
		已使用年限	个月		工作时间（小时）	
		大修次数	发动机（次）		整车（次）	
		维修情况				
		事故情况				
价值反映		购置日期	年 月 日	原始价格（元）		
		车主报价（元）				
备注：						

填表说明：
1. 若被评估车辆使用用途曾经为营运车辆，需在备注栏中予以说明。
2. 委托方必须对车辆信息的真实性负责，不得隐瞒任何情节，凡由此引起的法律责任及赔偿责任由委托方负责。
3. 本委托书一式二份，委托方、受托方各一份。

委托方：（签字、盖章）　　　　　　经办人：（签字、盖章）

年　月　日　　　　　　　　　　　　年　月　日

第三节　拟定二手工程机械鉴定评估作业方案

一、任务分析

鉴定评估方案是二手工程机械鉴定评估机构根据二手工程机械鉴定评估委托书的要求而制订的规划和安排。其主要内容包括：评估目的、评估对象、鉴定评估基准日、安排具有鉴定评估资格的评估人员及协助评估人员的其他人员、现场工作计划、评估程序、评估具体工作和时间安排、拟采用的评估方法及其具体步骤等。

二、相关知识

(一) 二手工程机械价格评估的前提条件

二手工程机械的价格运用资产评估的理论和方法，是建立在一定的假设条件之上的。二手工程机械价格评估的假设前提有继续使用假设、公开市场假设和破产清算（偿）假设。

1. 继续使用假设

继续使用假设是指二手工程机械将按现行用途继续使用，或转换用途继续使用。对这些机械的评估，就要从继续使用的假设出发，而不能按机械拆零出售零部件所得收入之和进行估价。同一机械设备按不同的假设用作不同的目的，其价格是不一样的。

在确定二手工程机械能否继续使用时，必须充分考虑如下条件。

① 机械设备具有显著的剩余使用寿命，而且能以其提供的服务或用途，满足所有者经营上或工作上期望的收益。

② 机械设备所有权明确，并保持完好。

③ 机械设备从经济上和法律上允许转作他用。

④ 充分地考虑了机械设备的使用功能。

2. 公开市场假设

公开市场是指充分发达与完善的市场条件。公开市场假设，是假定在市场上交易的二手工程机械，交易双方彼此地位平等，彼此双方都获得足够市场信息的机会和时间，以便对机械设备的功能、用途及其交易价格等作出理智的判断。

公开市场假设是基于市场客观存在的现实，即二手工程机械在市场上可以公开买卖。不同类型的二手机械，其性能、用途不同，市场程度也不一样，用途广泛的机械一般比用途狭窄的机械市场活跃，而机械的买者或卖者都希望得到机械的最大最佳效用。所谓最大最佳效用是指机械设备在可能的范围内，用于最有利又可行和法律上允许的用途。在进行二手工程机械评估时，按照公开市场假设处理或适当地调整，才有可能使机械设备获得的收益最大。最大最佳效用，由车辆所在地区、具体特定条件以及市场供求规律所决定。

3. 清算（清偿）假设

清算（清偿）假设是指二手工程机械所有者在某种压力下被强制进行整体或拆零，经协商或以拍卖方式在公开市场上出售。这种情况下的二手工程机械价格评估具有一定的特殊性，适应强制出售中市场均衡被打破的实际情况，二手工程机械的评估价大大低于继续使用或公开市场条件下的评估值。

上述三种不同假设，形成三种不同的评估结果。在继续使用假设前提下要求评估二手工程机械的继续使用价格；在公开市场假设前提下要求评估二手工程机械的市场价格；在清算假设前提下要求评估二手工程机械的清算价格。因此，二手工程机械鉴定估价人员在业务活动中要充分分析了解、判断认定被评估二手工程机械最可能的效用，以便得出二手工程机械的公平价格。

(二) 二手工程机械价格评估的计价标准

我国资产评估中有四种价格计量标准，即重置成本标准、现行市场标准、收益现值标准和清算价格标准。二手工程机械评估属于资产评估，因此，二手工程机械估价亦遵守这四种价格计量标准。对同一机械设备，采用不同的价格计量标准估价，会产生不同的价格。这些价格不仅在质上不同，在量上也存在较大差异。因此，必须根据评估的目的，选择与二手工程机械评估业务相匹配的价格计量标准。

1. 价格计量标准

(1) 重置成本标准　重置成本是指在现时条件下，按功能重置机械设备并使其处于在用状态所耗费的成本。重置成本的构成与历史成本一样，都是反映机械设备在购置、运输等过程中所支出的全部费用，但重置成本是按现有技术条件和价格水平计算的。

重置成本标准适用的前提是机械设备处于在用状态，一方面反映机械设备已经投入使用；另一方面反映机械设备能够继续使用，对所有者具有使用价值。决定重置成本的两个因素是重置完全成本极其损耗（或称贬值）。

(2) 现行市价标准　现行市价是指车辆在公平市场上的销售价格。所谓公平市场，是指充分竞争的市场，买卖双方没有垄断和强制，双方的交易行为都是自愿的，都有足够的时间与能力了解市场行情。

现行市价标准适用的前提条件有以下两个。

① 需要存在一个充分发育、活跃、公平的二手工程机械交易市场。

② 与被评估工程机械相同或类似的机械在市场上有一定的交易量，能够形成市场行情。

(3) 收益现值标准　收益现值是指根据机械设备未来的预期获利能力大小，以适当的折现率将未来收益折成现值。从"以利索本"的角度看，收益现值就是为获得机械设备取得预期收益的权利所支付的货币总额。在折现率相同的情况下，机械设备未来的效用越大，获利能力越强，其评估值就越大。投资者购买机械设备时，一般要进行可行性分析，只有在预期回报率超过评估时的折现率时，才可能支付货币购买机械设备。

收益现值标准适用的前提条件是机械设备投入使用后可连续获利。

(4) 清算价格标准　清算价格是指在非正常市场上限制拍卖的价格。它与现行市价相比，两者的根本区别在于：现行市场是公平市场价格；而清算价格是非正常市场上的拍卖价格，这种价格由于受到期限限制和买主限制，一般大大低于现行市价。

清算价格标准适用于企业破产清算，以及因抵押、典当等不能按期偿债而导致的机械设备变现清偿等工程机械评估业务。

2. 各种价格计量标准的联系与区别

(1) 重置成本价格与现行市场价格的联系与区别　重置成本价格与现行市场价格的联系主要表现在：决定重置成本的因素与决定现行市价的最基本因素相同，即现有条件下，生产功能相同的机械设备所花费的社会必要劳动时间。但是现行市价的确定还需考虑其他与市场相关的因素。

① 机械设备功能的市场性。即机械设备的功能能否得到市场承认。

② 供求关系的影响。现行市价价格随供求关系的变化，将会出现波动。

现行市价与重置成本的区别在于：现行市价以市场价格为依据，机械设备价格受市场因素约束，并且其评估值直接受市场检验；而重置成本只是在模拟条件下重置机械设备的现行价格。

(2) 现行市价价格与收益现值价格的联系与区别　现行市价价格与收益现值价格的联系主要表现在：两者的价格形式上有相似之处，都是评估公平市场价格。

现行市价价格与收益现值价格的区别在于：两者的价格内涵不同，现行市价主要是机械设备进入市场的价格计量；而收益现值主要是以机械设备的获利能力进入市场的价格计量。

(3) 现行市价价格与清算价格的联系与区别　现行市价价格与清算价格的联系主要表现在：两者均是市场价格。

现行市价价格与清算价格的根本区别在于：现行市价是公平市场价格；而清算价格是非正常市场上的拍卖价格，一般大大低于现行市价。

(三) 二手工程机械价格评估的基本方法

根据二手工程机械价格估算目的不同，二手工程机械价格评估可分为鉴定股价服务和收购估价两种。二手工程机械鉴定估价服务是一种第三方中介资产评估，其价格评估方法和资产评估的方法一样，按照国家规定的重置成本法、收益现值法、现行市价法和清算价格法四种方法进行，评估价格具有约束性。二手工程机械收购估价是二手工程机械经营企业为了自身发展需要开展的业务，收购估算价格由买卖双方自由确定，具有灵活性。

三、任务实施

二手工程机械评估机构前台接待人员（或负责人）在于委托人签订委托书之后，即编制评估作业方案，并将编制好的评估作业方案及委托书一起交给拟定的负责二手工程机械评估师，编制二手工程机械鉴定评估作业方案可参考如下样例进行。

二手工程机械鉴定评估作业方案

一、委托方与机械所有方简介
委托方：_____
委托方联系人：_____，联系电话：_____
二、评估目的
根据委托方的要求，本项目评估目的（在 [ ] 处填√）
[ ]交易　[ ]转籍　[ ]拍卖　[ ]置换　[ ]抵押　[ ]担保　[ ]咨询
[ ]司法裁决
三、评估对象
评估机械的厂牌型号：_____。
四、鉴定评估基准日
鉴定评估基准日：____年____月____日。
五、拟定评估方法（在[ ]处填√）
[ ]重置成本法　[ ]现行市价法　[ ]收益现值法　[ ]其他
六、拟定评估人员
负责评估师：_____
协助评估人员：_____
七、现场工作计划
负责评估师组织相关人员，于____年____月____日____时前，参照各项工作的参考时间，完成下列工作。
（1）证件核对：20分钟。
（2）鉴定二手工程机械现时技术状况。静态检查与动态检查：30分钟；仪器设备检查：送_____检测站：2小时。
（3）机械拍照：10分钟。
（4）评定估算：2小时。
（5）撰写评估报告：2小时。
八、评估作业程序
按照接受委托、验证、现场查勘、评定估算和提交报告的程序进行。
九、拟定提交评估报告时间
____年____月____日

本章习题

1. 简述对二手工程机械评估人员的要求内容?
2. 二手工程机械鉴定评估的业务类型有哪些?
3. 二手工程机械鉴定评估的原则有哪些?

第四章

现场鉴定

【学习目标】

一、学习重点

1. 二手工程机械静态检查步骤。
2. 二手工程机械动态检查步骤。

二、学习难点

1. 工程机械的操纵稳定性的检测。
2. 水货工程机械的鉴别。

第一节 检查核对工程机械的证件

一、任务分析

现场鉴定工作主要按照二手工程机械鉴定评估作业表的项目进行，主要包括检查核对证件、被评估机械设备的结构特点、鉴定现时技术状态并作出鉴定结论，给机械设备拍照存档。

核查证件是检验被鉴定评估机械设备的证件资料，这些资料包括法定证件和税费两类。如对这些证件资料有疑问，应向委托方提出，由委托方向发证机关（单位）索取证明材料，或自行向发证机关（单位）查询核实。

二、相关知识

法定证件主要有机械设备来历证明、机械设备登记证书等。

1. 机械设备来历证明

机械设备来历证明是二手机械来源的合法证明。机械设备来历证明主要包括以下几个方面。

1) 在国内购买机械设备的来历证明，可分为新机械来历证明和二手机械来历证明。在国外购买的机械设备，其来历凭证是该机械销售单位开具的销售发票及其翻译文本。

① 新机械来历证明。是指经国家工商行政管理机关验证（加盖工商验证章）的机械销售发票（即原始购置发票）。通常在购买新机械时，可在当地的工商行政管理局办理工商验证手续。

② 二手机械来历证明。是指经国家工商行政管理机关验证（加盖工商验证章）的二手机械交易发票。二手机械交易发票反映了即将交易的机械曾是一台已经交易过的合法使用的二手机械。

2) 人民法院调解、裁定或者判决转移的机械设备，其来历凭证是人民法院出具的已经生效的《调解书》、《裁决书》或者《判决书》以及相应的《协助执行通知书》。

3) 仲裁机构仲裁裁决转移的机械设备，其来历凭证是《仲裁裁决书》和人民法院出具的《协助执行通知书》。

4) 继承、赠予、中奖和协议抵偿债务的机械设备，其来历凭证是继承、赠予、中奖和协议抵偿债务的相关文书和公证机关出具的《公证书》。

5) 资产重组或者资产整体买卖中包含的机械设备，其来历凭证是资产主管部门的批准文件。

6) 国家机关同一采购并调拨到下属单位未注册登记的机械设备，其来历凭证是全国统一的销售发票和该部门出具的调拨证明。

7) 国家机关已注册登记并调拨到下属单位的机械设备，其来历凭证是该部门出具的调拨证明。

8) 经公安机关破案发还的被盗抢且已向原机械设备所有人理赔完毕的机械设备，其来历凭证是保险公司出具的《权益转让证明书》。

2. 机械设备登记证书

《工程机械登记证书》是由工程建设主管部门核发和管理，是工程机械的"户口本"和所有权证明，具有产权证明的性质。所有工程机械的详细信息及机械设备所有人的资料都记载在上面。当证书上所记载的原始信息发生变动时，机械所有人应当及时到单位工商注册所在地县级以上地方人民政府建设主管部门办理变更登记；当机械所有权转移时，原机械所有人应当将《工程机械登记证书》作变更登记后随机械交给现机械所有人。

三、任务实施

1. 核查机械来历证明

通过检查机械来历证明可以及时发现该车是否合法、是否为涉案机械，避免二手机械交易称为非法机械销赃的场所，切实维护消费者的合法权益。

二手机械评估机构应拥有各类机械来历证明样本，以便评估师进行对比鉴别。

2. 核查《工程机械登记证书》

核查《工程机械登记证书》是二手机械鉴定评估人员必须认真查验的手续。《工程机械登记证书》记录内容详细，一些评估参数必须从《工程机械登记证书》获取，如使用性质、国产/进口等。

第二节　二手工程机械现时状态的静态检查

一、任务分析

二手工程机械鉴定评估人员通过现场查勘鉴定二手工程机械现时技术状况，其目的是为了公正、科学地确定委托评估机械的技术现状及价值。这项工作完成后，鉴定评估人员应客观地给出鉴定评估过程的描述和评估结论。

现场查勘的目的是为了公正、科学地确定委托评估工程机械的成新率。现场查勘主要进行静态检查，条件许可时，应进行线路试检查，以全面了解被评估机械的基本情况，并对被评估机械的技术状况作出合理的判断。

二手工程机械技术状况的鉴定一般包括静态检查、动态检查和仪器检查三个方面。

静态检查是指二手工程机械在静态状态下，根据检查人员的技能和经验，辅以简单的量具，对二手机械技术状况进行检查。

动态检查是指二手工程机械在工作状态下，根据检测人员的技能和经验，辅以简单的量器具，对二手工程机械的技术状况进行检查。

仪器检查是指使用仪器、设备对二手工程机械的技术性能和故障进行检测和诊断，既定性又定量地对二手工程机械进行技术检查。

前两项在工程机械评估中是必不可少的；第三项在实际工作中往往视评估目的和实际情况而定。

二、任务实施

(一) 识伪检查

二手工程机械的识伪检查有两个含义：对于进口机械判别是不是"水货"；对于国产机械判别是不是纯正的原厂货。

水货机械的鉴别。所谓"水货"工程机械，是指那些通过走私或非合法渠道进口的工程机械。这些工程机械有的是整体走私，有的是散件走私境内组装，有的甚至是旧机械拼装。

进口正品工程机械，即习惯上称大贸进口的工程机械，是指通过正常的贸易渠道进口的机械。此类工程机械符合中国产品质量法。进口正品工程机械都附有中文使用手册和维修手册，有的还有零部件目录，而"水货"工程机械则没有。

对于"水货"工程机械还可以从以下几个方面进行识别。

① 查勘工程机械型号，看其是否在我国进口工程机械产品目录上。多年从事评估工作的业内人士，对大多数工程机械从外观就能看出是否是我国进口工程机械产品目录上的型号。

② 看外观是否有重新做过油漆的痕迹，要注意曲线部分的线条是否流畅，大面是否平整。

③ 打开发动机室盖，观察发动机室内线路、管路布置是否有条理，是否有重新装配和改装的痕迹。

(二) 外观检查

外观检查项目，基本检测项目可分为两大类：一类是仅做定性规定的检查项目，可用直观检测，即目测检查；另一类是做定量规定的检查项目，须采用仪器设备和客观检查方法进行定量分析。

工程机械在进行外观检查之前，一般都要进行外部清洗。外观检查项目中，须在底盘下面进行的项目，最好在设有检测地沟及千斤顶的工位上进行。

工程机械外观检查是了解二手工程机械整体技术状况和故障情况的重要手段之一。

工程机械在使用过程中，随着时间的不断增加，有关零部件将会产生磨损、腐蚀、变形、老化或受到意外损伤等，结果导致机械技术状况不断变坏、动力性能降低、工作可靠性及安全性降低，并会以种种外观症状表现出来，如油漆剥落、驾驶室的覆盖件开裂，以及相关部件连接螺栓松动或脱落等。尽管现在检测诊断技术非常发达，检测仪器非常先进，但影响机械性能的很多外部症状仍难以用仪器设备检测出来，而需要用人工进行观察、体验，或辅以简单仪表进行直观性的检测。通过外观检查可以帮助检测人员确定检测重点，其检验结果也有助于对机械各部的真实技术状况、故障部位及其原因作出正确的判断。

工程机械外观检查各项目中，有些可以依靠检验人员的技能和经验，通过感官感觉和观察进行定性的直观检测，比如车辆外部损伤、漏水、漏气、渗油和连接件松动、脱落等；有些项目却需要用仪表进行检测。随着检测技术的发展，人们开始运用仪器设备进行机械的一些外观检测诊断，如漆层厚度、硬度和光泽度等。因此工程机械外观检查有人工经验法、仪器仪表测量法以及两种方法的综合运用。

1. 目测检查

二手工程机械鉴定评估中目测检查的内容大致如下。

（1）机械标志检查

机械标志包括机械的商标、铭牌、发动机型号和出厂编号。机械的商标、型号标记必须装设在机械的外表上，通常人们一眼就能看出来。机械铭牌应置于机械前部易于观看之处。机械的铭牌应标明厂牌、型号、发动机功率、总质量、出厂编号、出厂年月日及厂名等。发动机的型号和出厂编号应打印在发动机汽缸体侧平面上。

（2）车身的技术状况检查

检查机械外观是技术状况鉴定的重要一环。检查顺序从机械的前部开始，一般按以下方法进行。

① 检查机械是否发生碰撞受损。站在机械的前部一角往尾部观察机械各接缝，如出现不直、缝隙大小不一、线条弯曲、装饰条有脱落或新旧不一，说明该机械可能维修过。

② 检查车门，从车门框B柱来观察是否呈现为一直线，若无波浪（俗称橘子皮）的情形发生，表示此机械无大问题。再从车门查看，在未打开车门时，可先看车门接缝处是否平整，如果接合的密合度自然平整，表示此机械无大毛病，但不能就此断定此机械没问题，可以再打开车门来详细查看A、B、C柱，也就是观看车门框是否呈一线，如果不平整，有类似波浪的情形，表示此机械经过钣金修理；也可将黑色的水胶条揭开来看是否平整，车门附近是否留有原来接合时的铆钉痕迹，留有痕迹的话表示此机械为原厂机械，没有的话表示此机械烤过漆。最后可来回开关车门检视车门开启的顺畅度，无音或开启时极为顺手，表示此机械无什么大问题。

③ 检查门、窗，机械的门、窗应启闭灵活、关闭严密、锁止可靠、缝隙均匀不松旷；密封胶条应无破损、老化，否则门、窗处会漏水。

④ 检查车身金属零部件锈蚀情况，主要检查车门、车窗、排水槽、底板、各接缝等处，如锈蚀严重，说明该机械使用状况恶劣，使用年限长。注意检查挡泥板、车灯周围、车门底下和轮舱内是否生锈。

⑤ 检查车身油漆，察看密封胶条、窗框四周、轮胎和排气管等处是否有多余油漆，如果有，说明该机械曾翻新重做油漆。用一块磁铁沿车身周围移动，如果遇到磁力突然减少，表明该处做过局部补灰、做漆。当用手敲击车身时，如果遇到敲击声明显比其他部位沉闷，表明该处重新做过补灰做漆。补过的漆往往有如下质量问题：丰满度不如原来的油漆；油漆表面有流痕；表面有不规则的小麻坑；表面有小麻点。有大面积撞伤的部位，补腻子的面积比较大，在工人打磨腻子时往往磨不平，因而补过漆后，车身表面看上去如同微微的波浪一样凹凸不平。新补的油漆，往往色彩不同于原车漆色，一般经电子配漆配出的漆色比原车的漆色鲜艳，而人工调出的漆色多比原漆色调暗。如果机械使用年头比较长，补漆比较多，因

而整个车身各个部位颜色都有差异，甚至找不出原车的漆色。小磁铁吸不上去的地方，说明已填补过。通过上述问题，可以判断一台机械以前碰撞面积有多大，车身可能受过多大的损伤。购买者如果发现油漆表面有龟裂现象，如果未撞过，那么说明该机械至少已使用了十年。

⑥ 检查车灯是否齐全、有效，光色、光强是否符合国家标准有关规定。二手机械的配光性能好坏，能反映车主对机械的维护认真程度。

(3) 驾驶室内部检查

① 驾驶员座椅安装应牢固可靠。

② 查看座椅的新旧程度，座椅表面应平整、清洁、无破损。

③ 驾驶室顶的内篷是否破裂，内部是否污秽发霉。驾驶室内如有发霉的味道，表明驾驶室可能有泄漏的情况。

④ 检查仪表盘是否原装，检查仪表盘底部有没有更改线束的痕迹。

⑤ 检查离合器踏板、制动踏板、加速踏板有无弯曲变形及干涉现象。离合器踏板和制动踏板的踏脚胶是否磨损过度。

⑥ 坐在驾驶室里试试所有踏板有没有弹性，离合器踏板应该有少许空间，同时留心听听踏下踏板有没有异声。

(4) 发动机的检查

① 检查发动机外部清洁状况。发动机外部有少量油迹和灰尘是正常的，如果灰尘过多，表明机械所有人对机械维护不认真和机械使用环境恶劣；如果一尘不染，说明发动机刚刚经过清洁处理。

② 检查发动机罩。仔细查看发动机罩与翼子板的密合度或缝隙是否一致（不要有大小不一的情形），发动机与挡风玻璃之间的间隙是否一致或留有原来的胶漆，这些都是检查的重点。发动机罩内的检查更是重点中的重点。打开发动机罩时，先检查一下其内侧，如果有烤过漆的痕迹，表示这片盖板碰撞过，因为一般不会在这个地方乱烤漆，原因是它不具有美观的价值。然后可从发动机上方横梁（亦是水箱罩上方工字梁）及发动机本体下方的两条纵梁或俗称"内归"的两内侧副梁等处查看，这些地方如无意外，都应留有圆形点焊的痕迹；若点焊形状大小不一，有可能遭受过撞击。另外，防水胶条是否平顺，亦是判断此机械有无受伤的依据。

③ 检查机油平面高度。一般机油尺上都有高、低位机的显示孔，如果机油平面在这两个油位之间，则表示正常。因此，消费者可再将擦干净的机油尺从邮箱中拉出来，检查机油尺上的油位。如果油位过低，应了解上次更换机油的时间，如果时间正常，说明发动机烧机油；如果机油平面过高，说明发动机严重窜气或漏水。

④ 检查机油颜色。可以拿出一张白纸，拔出机油尺在纸上擦拭，观察机油颜色和杂质的情况。一般在换过机油后，机械使用一段时间后机油颜色会变黑，这是正常的；而如果机油显现其他颜色都是不正常的现象。如果发现机油的颜色变灰、变白或有乳化现象，说明机油中混入水，可能是发动机冷却系统和燃烧系统有连通泄漏情况。

⑤ 检查机油盖口。拧下加油盖，将它翻过来观察底部，这样可以在加油盖底部看到旧油甚至脏油的痕迹。如果加油盖底面有一层具有黏稠度的深色乳状物，还有与油污混合的小水滴，这就是不正常的情况了，可能是缸垫、缸盖或缸体有损坏，导致防冻液渗入机油中造成的。如果有这种情况发生，被污染的机油有可能对发动机内部造成损害，发动机可能是需

要大修的。

⑥ 检查发动机冷却液，检查水箱（冷却时）。打开发动机室盖，首先检查水箱部分，但检查的前提是冷车状态，否则很容易被溅出的水烫伤。打开水箱盖后，注意观察冷却水面上是否有其他的异物漂浮，例如锈蚀的粉屑、不明的油污等。如果发现有油污浮起，表示可能有机油渗入到冷却水内；如果发现浮起的异物是锈蚀的粉屑，表示水箱内的锈蚀情况已经很严重一旦发现有上述情况，都表示该机械的发动机状况不是很好，需特别注意。目前的汽车发动机常年使用防冻液作为发动机冷却液，如果冷却液已变成水，首先应了解其原因，并分析二手机械可能有的毛病，如发动机温度高、发动机漏水、发动机内烧水等；如果冷却液内有油污，一般可认为汽缸垫处漏气；如果冷却液混浊，要想机械所有人询问原因，并特别注意发动机温度。

⑦ 检查蓄电池。现代工程机械蓄电池一般均为免维护蓄电池，仍以硫酸蓄电池为主，其寿命一般为两年多一点。蓄电池两接线柱应没有大量白色粉末（硫酸盐）附贴在上面，蓄电池液面高度应一致，并在规定的上下线之间。电池身应干爽，绝对没有裂痕。如果液面过底，一般为发动机充电电流过大，液面经常处于过底状态，将大大降低蓄电池的寿命；如果有个别格液面过低，一般为个别格漏液。从蓄电池托盘上能够观察到漏液的痕迹。

⑧ 检查空气滤清器。打开空气滤清器的盒盖，看看里面的清洁程度如何。如果灰尘很多，滤芯很脏，则表示该机械使用程度较高，而且该机械所有人对机械保养也较差，没有定期更换滤芯。由此可设想，一台机械的保养差，车况也不会太好。

⑨ 检查发动机主要附件是否完好。

⑩ 检查发动机、启动机、分电器、化油器、空调压缩机等外观是否正常，是否有漏油、漏水、漏气、漏电现象，是否有松动现象。

2. 常用量具检查

（1）车体周正检测　通常要求车体周正，左右对称部位高度差不得大于 40mm。

在进行车体周正检测时，将送检机械停放在外观检测工位上，检测人员首先用眼睛进行观察，可以检查机械是否有严重的横向或纵向歪斜现象；然后用高度尺或钢卷尺、水平尺检测左右对称部位高度差是否超过规定值；最后检查车架和车身是否有较大变形，悬架是否裂断或刚度下降，左右轮胎气压搭配是否正常等，如果异常，即使车体歪斜未超过规定值，亦应予以排除后再进行检测。否则，车体不倾斜也会渐渐变得倾斜，甚至歪斜会越来越严重，引起操纵不稳、行驶跑偏、重心转移、轮胎磨损加剧等现象。

（2）车轮轮胎的检测　机械轮胎的检测主要是对轮胎气压和轮胎磨损的检测。

轮胎在工程机械使用过程中，是仅次于燃料的一项重要运行消耗材料。胎面磨损严重是机械需要调校的信号，否则很有可能损坏悬架系统。确保备胎也是可以使用的，并没有损坏或过度磨损。轮胎的磨损、破裂和割伤无须仪器检测，凭简单的深度尺，钢直尺加外观检测便可。轮胎不应有异常磨损，当轮胎出现非正常磨损时，表明该机械的车轮定位参数不准确。

技术条件要求轮胎的磨损：轿车轮胎冠上花纹深度在磨损后应不少于 1.6mm，其他车辆轮胎冠上花纹深度不得少于 3.2mm；轮胎的胎面和胎壁上不得有长度超过 25mm，深度足以暴露出轮胎帘布层的破裂和割伤。对轮胎气压的检测通常采用气压表，而对磨损量的检测则采用钢直尺、深度尺等，依据技术要求进行。

(3) 车轮的横向和径向摆动量的检测　车轮横向和径向摆动量的检测可在室内进行，也可在室外进行。在室内检测时用举升器或千斤顶等顶起机械前桥，用百分表测头水平触到轮胎前端胎冠外侧，用手前后摆动轮胎，测其横向摆动量；再将百分表移至轮胎上方，使测头触到胎冠中部，然后用撬杆往上撬动轮胎，测量其径向摆动量。车辆车轮横向和径向摆动量超过规定值时，车辆行驶时将会引起转向盘抖振，因此应及时进行检修和调整。

三、知识与技能拓展

1. 机动车的技术状况

机动车的技术状况是指定量测得的、表征某一时刻工程机械的外观和性能的参数值的总和。

机动车是由机动车的机械机构和各总成组成的，而机构和总成又由零件组成，所以零件是机动车的基本组成单元。零件性能下降后，机动车的技术状况将受到影响，因此机动车技术状况的变化取决于组成零件的综合性能。

2. 机动车技术状况的评价指标

机动车的技术状况可用机动车的工作能力或运用性能来评价。机动车的运用性能包括动力性、经济性、使用方便性、行驶安全性、使用可靠性、载质量和容积等。

3. 机动车技术状况变化的原因

机动车技术状况的变化是机动车诸多内在原因综合作用的结果。主要原因有：零件之间相互摩擦而产生的磨损，零件与有害物质接触而产生的腐蚀，零件在交变载荷作用下产生疲劳，零件在外载、温度和残余内应力作用下发生变形，橡胶及塑料等非金属零件和电器元件因长时间使用而老化，由于偶然事件造成零件损伤等。这些原因使零件原有尺寸和几何形状及表面质量发生改变，破坏了零件原来的配合特性和正确位置关系，从而引起汽车（或总成）技术状况变坏。

磨损是零件的主要损坏形式，磨损现象只发生在零件表面，其磨损速度的快慢既与零件的材料、加工方法有关，又受汽车运用中装载、润滑、车速等条件的影响。疲劳损坏是由于零件承受超过材料的疲劳极限的循环应力时而产生的损坏。

腐蚀损坏产生于与腐蚀性物质接触的零件表面。易于产生腐蚀损坏的主要部件有：燃料供给系统和冷却系统的管道、车身、车架等。零件在制造和加工过程中产生的残余内应力和零件受热不匀而产生的热应力足够大时，也会导致零件变形或加剧变形过程。老化是由于零件材料在物理、化学和温度变化的影响下，而逐渐变质或损坏的故障形式。

因机动车零件和运行材料性能的变化，而使机动车技术状况逐渐变坏的现象，不仅发生于机动车使用过程中，也发生于储存过程中。例如，橡胶、塑料等非金属零件因老化而失去弹性，强度下降等。

4. 影响机动车技术状况变化的因素

机动车在使用过程中，其技术状况变化的快慢不仅取决于结构设计和制造工艺水平，还受各种使用因素的影响。

机动车的初始性能是由结构设计和制造保证的，结构设计与制造工艺是否合理以及零件材料选择是否适当，也影响着机动车使用过程中技术状况的变化。如设计与制造工艺不合理或零件材料选择不当，由于机动车在使用过程中自身存在薄弱环节，就会经常出现同一类故障。

影响机动车技术状况变化的使用因素有：运行条件、燃料和润滑油的品质、机动车运用的合理性等。

5. 工程机械技术状况变化的外观症状及其主要影响因素

（1）外观症状　实践证明，无论是工程机械发动机还是底盘部分的故障症状均因其成因不同而不同。可以通过人们的耳朵（听）、眼睛（看）、鼻子（嗅）、手（摸）、身（受）等来发现外观症状，并根据这些外观症状来断定工程机械是否存在故障。归纳起来，这些变化多端的故障外观症状大致可分为以下几类。

1）技术性能变坏。

① 动力下降。如活塞、活塞环与汽缸壁的磨损量超过限度后，则在进气行程中，汽缸内吸力不足，以致进气量减少；并且在压缩行程、做功行程中，造成汽缸漏气、爆发压力下降，导致发动机功率下降。

② 可靠性变差。如制动系统的有关机件磨损过度，则工程机械的制动性能下降，甚至失去制动功能。

③ 经济性变坏。如发动机燃油供给系统的有关机件磨损过度，造成燃油的雾化不良，燃烧不完全，以致耗油量增加，经济性下降。

2）声响异常、振动增大。随着机件的磨损，相关的配合间隙增大，同时造成机件的磨损变形，于是在机件运转时，由于冲击负荷产生异响，运转不平衡而产生强烈的振动。

3）渗漏现象。渗漏指汽车的燃油、润滑油、制动液（或压缩空气）以及其他各种液体的渗漏现象。渗漏容易造成过热、烧损及转向、制动机件失灵等故障。

4）排气烟色异常。发动机技术状况良好，汽缸内可燃混合气燃烧正常时，排气管排出的废气一般呈淡灰色。当汽缸出现漏气后，会使燃油雾化不良，燃烧不完全，废气中CO量增多，排气呈黑色；当汽缸上窜机油时，排气呈蓝色；当缸套或缸垫破裂，冷却液进入汽缸时，大量水蒸气随废气排出，废气呈白色。柴油呈白色。柴油发动机的排气烟色不正常，通常是发动机无力或不易发动的伴随现象。

5）气味异常。当制动出现拖滞、离合器打滑、摩擦片因摩擦温度过高而烧焦时，会散发出焦味；当混合气过浓，部分燃油不能参加燃烧时，会散发出生油味；电路短路搭铁导线烧毁时也有异味。

6）机件过热。常见的有发动机过热、轮毂过热、后桥过热、变速器过热、离合器过热等，这些是机件运转不正常、润滑不良、散热不好的故障表现。

7）外观异常。汽车停放在平坦场地上，如有横向或纵向歪斜等现象，即为外观异常。外观异常多由车架、车身、悬架、轮胎等异常造成，并会导致方向不稳、行驶跑偏、质心转移、车轮吃胎等故障。

（2）外观症状的主要影响因素　汽车在各种复杂条件下运行，造成上述各类外观症状而导致故障的因素是多种多样的。有的是因为设计或制造缺陷所致，有的是由于使用不当、维修不良所引起，但大部分是长期运行正常磨损后发生的。

① 设计制造上的缺陷。汽车在设计制造上的缺陷，会给机件带来先天性不良，以致使

用不久就出现故障。另外，汽车零部件的制造厂家所生产的配件质量不一致，这也是分析、判断故障时不能忽视的因素。

② 燃、润料品质的影响。合理选用汽车燃、润料是汽车正常行驶的必要条件，因此应选用符合各厂牌车型要求的燃、润料。另外燃、润料品质的优劣，也是影响汽车使用寿命的重要因素。如汽油品质差、燃烧热值低、易爆燃，则发动机的动力小，工作不正常，出现异常，机件易损；柴油品质差，蒸发性不好，则造成着火延迟期增长，使发动机工作粗暴；润滑脂黏度过浓或过稀，会使运动机因润滑不良易受磨损等。

③ 外部使用条件复杂。汽车外部使用条件，主要是指道路及气温、湿度等环境情况。在不平路面上行驶，汽车悬架部分容易损坏，连接部件易松动；高温易使汽油发动机供油系产生气阻；高湿则易使电系产生漏电、短路等故障。经常在市区或山路行车，由于传动、制动部分工况变动次数多、幅度大而往往导致早期损坏。

④ 操作不当、保修不善。驾驶员若是技术不熟练，行车中频繁制动，则将使制动系统和行驶系统机件加速磨损；变速换挡不熟练，动作粗暴，则将造成齿轮啮合不同步，变速齿轮受损；在使用中经常超载，各机件长时间超负荷工作，将造成早期损伤，导致故障的发生。

第三节 二手工程机械现时状态的动态检查

一、任务分析

二手工程机械动态检查是指工程机械在工作状态下的检查。通过对机械各种工况，如发动机启动、急速、起步、加速、匀速、滑行、强制减速、紧急制动、从低速挡到高速挡、从高速挡到低速挡的行驶，检查机械的操纵性能、制动性能、滑性性能、加速性能、噪声和废气排放情况，以鉴定二手工程机械的技术状况。

在动态情况下，根据检查人员的经验和技能，辅之以简单的量器具，对二手工程机械的技术状况进行动态检查鉴定。检查过程中，需启动发动机，需对二手工程机械进行路试，故二手工程机械的动态检查包括无负荷时的工况检查和路试检查。

二、相关知识

整车技术性能是衡量一辆机械质量高低的重要依据。工程机械技术性能评价指标包括动力性、燃油经济性、制动性、操纵稳定性、操纵轻便性、行驶平顺性、通过性、机动性、排放标准和容量等。

（一）工程机械的动力性

工程机械的动力性是指机械克服各种阻力进行加速，以足够高的平均速度行驶的能力，它是工程机械使用性能中最基本也是最重要的性能。工程机械动力性指标一般由最高车速、加速性能和爬坡能力来表示。

1. 最高车速

最高车速是指在无风条件下，在水平、良好的沥青或水泥路面上，工程机械满载时所能达到的最大行驶速度。按我国的规定，以 1.6km 长的试验路段的最后 500m 作为最高车速的测试区，共往返 4 次，取平均值。

2. 加速性能

加速性能是指工程机械在各种使用条件下迅速增加机械行驶速度的能力，通常用加速时间和加速距离来表示。增加速度时所用加速时间和加速距离越短的机械，其加速性能就越好。工程机械加速性能主要通过两个方面来表征，即原地起步加速性和超出加速性。

(1) 原地起步加速性　原地起步加速性是指工程机械由静止状态起步后，以最大加速强度连续换挡至最高挡，加速到一定距离或车速所需要的时间，它是反映机械动力性的最重要参数。原地起步加速性能一般有以下两种表示方式。

① 工程机械从静止状态（速度为零）加速到100km/h的速度时所需要的秒数（s）。

② 工程机械从静止状态（速度为零）加速行驶400m（或1000m）所需要的秒数（s）。所需时间越短，机械的原地起步加速性就越好。

(2) 超车加速度　超车加速度是指工程机械以最高挡或次高挡由最低稳定车速或预定车速全力加速至某一高速度所需要的时间。所需加速时间越短，说明超车加速能力越强，从而可以减少超车期间的并行时间，确保超车安全。

实际中使用最多的是工程机械的原地起步加速性参数，因其与超车加速性指标是一致的，原地起步加速性良好的机械，超车加速性也同等程度的良好。需要指出的是，工程机械加速时间与驾驶员的换挡技术、路面状况、行车环境、气候条件等密切相关，工程机械使用手册上给出的参数往往是样本所能达到的最佳值，对于一般客户来说，此参数尽可作为参考。

3. 爬坡能力

爬坡能力是指工程机械满载时，在坚硬路面上，以1挡等速行驶期间所能爬行的最大坡度，它反映机械的最大牵引力。

(二) 工程机械的燃油经济性

燃油经济性是指在一定的使用条件下，工程机械以最少的燃油消耗量完成单位运输工作量的能力。工程机械的燃油经济性是衡量机械性能的一个重要技术指标，在燃油越来越贵的高油价时代，它也是二手工程机械消费者最关心的指标之一。评价工程机械燃油经济性的指标为单位运输工作量的耗油量及单位量油耗的行程。

1. 耗油量

耗油量是指工程机械满载行驶单位里程所消耗的燃油量。耗油量数值越小，机械的燃油经济性就越好。循环油耗是指在一段指定的典型路段内，工程机械以等速、加速和减速三种工况行驶时的耗油量。有些厂家还计入了启动和怠速等工况的耗油量，再折算成百公里耗油量。一般来说，将循环油耗与等速百公里油耗加权平均得到的综合油耗量参数，更能比较准确地反映工程机械的实际耗油量。

2. 油行程

油行程是指工程机械满载时，每消耗单位体积燃油所能行驶的里程。油行程是美国、加拿大等国采用的衡量机械燃油经济性的指标，常以每加仑燃油可行驶的英里数或每升燃油可行驶的公里数表示。油行程数值越大，机械的燃油经济性就越好。

在实际使用过程中，工程机械的燃油经济性与发动机的技术状况、机械自重、车速、各种行驶阻力（如空气阻力、滚动阻力和爬坡阻力等）、传动效率、减速比等因素直接相关，因而实际的耗油量往往比使用手册上标称的大些。

(三) 工程机械的制动性

制动性是指工程机械按驾驶员的操作意图安全地减速直至停车的能力。具有良好的制动性是机械安全行驶的保证,也是机械动力性得以充分发挥的前提。工程机械的制动性主要由制动效能、制动效能的恒定性和制动时的行驶方向稳定性三个方面来评价。

1. 制动效能

制动效能是指工程机械迅速减速直至停车的能力。制动效能是工程机械制动性最基本的评价指标,常用制动过程中的制动时间、制动减速度和制动距离来评价。工程机械的制动效能除了跟机械技术状况有关外,还与制动时机械的速度以及轮胎面和路面的状况有关。

2. 制动效能的恒定性

制动效能的恒定性,又称为制动器的抗热衰退性,是指工程机械高速时制动、在短时间内连续制动或下长坡连续制动后,制动器抵抗因温度升高而导致制动效能下降的能力。

3. 制动时的方向稳定性

制动时的方向稳定性是指工程机械在制动期间,按指定轨迹行驶(循迹)的能力,即机械在制动时不发生跑偏、侧滑或者失去转向能力的性能。当左、右侧车轮的制动力不一样时,容易发生跑偏;当车轮抱死时,易发生侧滑或者失去转向能力。为防止上述危及行车安全的现象发生,现代机械一般都应用了防抱死制动系统(ABS)。

(四)工程机械的操纵稳定性

操纵稳定性反映工程机械的两个相互紧密联系的性能,即机械的操纵性和稳定性。工程机械的操纵稳定性直接影响着机械在转向或受到各种意外干扰时的行车安全性。

1. 操纵性

操纵性是指工程机械对驾驶员的转向指令能够及时且准确地响应的能力。轮胎的气压和弹性、悬架装置的刚度以及机械的重心位置都会对机械的操纵性产生显著的正面或负面影响。

2. 稳定性

稳定性是指工程机械在受到外界扰动(如路面碎石或突然阵风的扰动)后,不发生失控,自行迅速恢复原来的行驶状态和方向,抑制发生倾覆和侧滑的能力。工程机械行驶稳定性又可分为纵向稳定性和横向稳定性,前者反映机械受扰动后的方向保持能力,后者则反映机械在横向坡道上行驶、转弯或受到其他侧向力作用时抵抗侧翻的能力。工程机械的重心高度越低,稳定性越好。正确的前轮定位角度使机械具有自动回正和保持直线行驶的能力,提高了机械直线行驶的稳定性。如果装载超高、超载,转弯时车速过快,横向坡道角过大以及偏载等,都容易造成机械侧滑及侧翻。

(五)工程机械的操纵轻便性

操纵轻便性是指对工程机械进行操作或驾驶时的难易、方便程度,可以根据操作次数、操作时所需要的力、操作时的容易程度以及视野、照明、信号效果等来评价。具有良好操纵轻便性的机械,不但可以减轻驾驶员的劳动强度和紧张程度,也是安全行驶的保证。采用动力转向、倒车雷达、电动门窗、中控门锁、制动助力装置和自动变速器等,都能够改善机械的操纵轻便性。

(六)工程机械的行驶平顺性

行驶平顺性是指工程机械在行驶过程中对路面不平度引起的振动的抑制能力。评价工程机械行驶平顺性的主要指标为机械的振动频率和幅值。由于路面不平整的冲击,工程机械行驶时将发生振动,这会使乘员感到疲劳和不舒服,还可能损坏运载的货物。振动引起的附加动载荷加剧零部件的磨损,影响机械的使用寿命。车轮载荷的波动将会降低车轮的地面附着性,这对工程机械的操纵稳定性十分不利。为防止上述现象发生,就不得不降低车速。

轮胎的弹性、性能优越的悬架装置、座椅的减振性能以及尽量小的非悬架质量,都可以提高工程机械的行驶平顺性。非悬架质量的大部分来自车轮,轿车采用较轻的铝制轮辋,即是为提高行驶平顺性和车轮地面附着性。与行驶平顺性紧密相关的是乘坐舒适性,包括身体上和心理上的舒适性。在良好行驶平顺性的基础上,座椅尺寸、形状及其空间与人体接触处的材料硬度和质感、车身振动频率、视野、内饰等都对乘员的身体、心理感受和乘坐安全感发挥着重要影响。

(七) 工程机械的通过性

通过性是指工程机械在一定的载荷质量下,能以较高的平均速度通过各种不平路段和无路地带,克服各种障碍(陡坡、侧坡、台阶、壕沟等)的运行能力。各种机械的通过能力是不一样的。

采用宽断面轮胎、多轮胎可以提高工程机械在松软土壤、雪地、冰面、沙漠、光滑路面上的运行能力;较深的轮胎花纹可以增加附着系数而不容易打滑,全轮驱动方式可使机械的动力性得以充分的发挥;结构参数的合理选择,可以使机械具有良好的克服障碍运行能力,如较大的最小离地间隙、接近角、离去角和车轮半径等,都可提高机械的通过性。

(八) 工程机械的机动性

机动性是指工程机械能够应对狭窄多弯的道路,"见缝插针"地停车并灵活地驶出的能力。机动性主要用最小弯半径来评价。转弯半径越小,机动性越好。一般来说,机械越小,机动性也越好。

(九) 工程机械的污染物排放特性

污染物排放特性反映工程机械控制有害污染物向大气中排放的能力。工程机械有三个主要污染物排放源:排气管排出的废气、曲轴箱的排放物、从化油器和燃油箱盖漏出的蒸气。

(十) 工程机械的安全性

安全性是指工程机械防止交通事故发生或发生事故后保护乘员和货物不受损害的能力。其中,机械防止事故发生的能力又称为机械的主动安全性;而不幸发生事故后,机械保护乘员和货物不受损害或将损害降低到最小的能力,则称为机械的被动安全性。典型主动安全装置包括照明和信号灯、防眩目后视镜、ABS、ASR、EBD、ESP、横向和纵向测距雷达等,良好的主动安全性要求机械具有宽阔的视野、可靠灵敏的转向、加速和制动性,具有除霜和除雾功能的风窗玻璃,各种操纵件、指示器和信号装置的标识要醒目统一,避免驾驶员错误识别或错误操作而导致车祸;被动安全装置主要有安全带、安全气囊(SRS)、安全玻璃、可溃缩转向柱以及碰撞吸能区域等。

防火安全性的结构措施包括内饰选用阻燃材料制作;燃油箱与排气管出口端之间的距离应不小于300mm或设置有效的隔热装置,燃油箱的加油口和通气口距裸露电气接头或电气开关的距离应大于200mm,燃油箱的通气口应保持畅通,且不能导向乘员厢内,安装应足够牢靠,不致由于晃动和冲击而发生损坏及漏油现象;燃油箱应有足够的刚度和强度，防止工程机械发生碰撞后燃油箱漏油引起燃烧，造成碰撞的二次危害。

(十一) 工程机械的噪声

噪声是指工程机行驶或急速时产生的机械噪声。城市环境污染之一是噪声，噪声的主要来源之一是工程机械。工程机械噪声的大小是衡量机械质量水平的一个重要指标。工程机械的噪声源有多种，如发动机、变速器、驱动桥、传动轴、车厢、玻璃窗、轮胎、继电器、扬声器、音响等都会产生噪声，但最主要的噪声源有两个，一个是发动机，另一个是轮胎，它们都是被动发生的，而且只要机械行驶或急速就会产生。

发动机产生的噪声主要为表面辐射噪声，是发动机内各运动零部件如活塞、连杆、曲轴、齿轮、配气机构、汽缸体等之间的机械撞击产生的振动噪声。因此，减少发动机的振动是减低噪声的根本措施。轮胎噪声来自泵气效应和轮胎振动。所谓泵气效应是指当轮胎高速滚动时，负荷使轮胎胎冠在与路面接触时发生快速的挤压变形，同时胎面上凹凸花纹中的空气也受压挤，随着轮胎滚动，空气又在轮胎离开接触面时被释放，这样连续的压挤释放，空气就迸发出噪声，而且车速越快噪声越大。为了抑制发动机和轮胎噪声窜入车厢，除了尽量减少噪声源外，良好的车厢密封机构，尤其是前围板和地板的密封隔音性能十分重要。

(十二) 工程机械的其他使用性能

1. 乘员上下车的方便性

乘员上下车的方便性反映工程机械适应乘员上下车的能力，它取决于车门的布置形式和车门踏板的结构参数，如踏板的高度、深度、级数和能见度以及车门的宽度。

2. 装卸方便性

装卸方便性反映工程机械对装卸货物的适应能力，装卸操作的容易和便利程度。工程机械的装卸方便性与车厢的高度、可翻倒的栏板数目以及车门的数量和尺寸有关。

3. 耐久性

耐久性是指工程机械在达到需要进行大修的极限技术状态之前，只是通过预防性维护保养措施维持其继续工作的能力，主要评价指标包括第一次大修前的平均行驶里程、大修平均间隔里程和技术使用寿命。新机械的质保里程或时间期限是评价机械耐久性的一个实用指标。

4. 易维护性

易维护性是指进行维修检测保养工作时，接触、拆卸、装配和更换工程机械各总成和零部件的方便性。一般来说，经市场长期考验、保有量大的品牌机械具有良好的易维护性。

5. 维修性

维修性是指在规定的条件下，按规定的程序和操作步骤诊断并排除机械故障，使其保持或回复规定功能的能力。一般来说，经市场长期考验，客户口碑良好的机械都具有较好的维修性。

6. 质量利用系数

质量利用系数等于工程机械装载质量与整备质量的比值，反映单位整备质量的承载能力。工程机械质量利用系数越高，说明设计和制造水平高，使用经济性好，它是反映工程机械技术水平的一个重要指标。

三、任务实施

(一) 无负荷工况检查

1. 发动机启动状况的检查

在正常情况下，用启动机启动发动机时，应在3次内启动成功。启动时，每次时间不超过10s，再次启动时间要间隔15s以上。若发动机不能正常启动，说明发动机的启动性能不好。

如果由于发动机曲轴不能转动而导致发动机无法启动，其原因主要可能是蓄电池电量不足或启动机工作不良，也可能是发动机运转阻力过大。检查发动机启动阻力时，应拆下全部火花塞或喷油器，人工运转曲轴，检查转动阻力。

如果启动时曲轴能正常转动，但发动机启动仍很困难，对于汽油发动机，其原因主要可能是点火系统点火不正时、火花塞火弱或无火；燃油系统工作不良，使混合气过稀或过浓；汽缸压缩压力过低等。对于柴油发动机，除汽缸压缩压力过低外，燃油中有水或空气，输油泵、喷油泵、喷油器工作不良，燃油系统管路堵塞等，都可能导致发动机启动困难。

2. 发动机无负荷时的检查

(1) 检查发动机怠速运转情况　怠速工况下，发动机应在规定的转速范围内稳定地运转。如果怠速转速过高或运转不稳定，说明发动机怠速不良。对于汽油发动机，怠速不良的原因主要有点火正时、气门间隙、配气正时或怠速调整不当；真空漏气；曲轴箱通风单向阀不密封或卡阻，怠速时不能关闭；废气再循环装置或燃油蒸发排放装置（如果安装）的误动作；点火系统或供油系统工作不良；汽缸压缩压力过低或各缸压缩压力不一致等。

对于柴油发动机，怠速不良的原因主要有供油正时、气门间隙、配气正时或怠速调整不当；燃油中有水、气或黏度不符合要求；各缸柱塞、出油阀偶件及喷油器工况不一致，或是调速器锈蚀、松旷、弹簧疲劳，供油拉杆对应的拨叉或齿扇松动等，导致各缸喷油量或喷油压力不一致；汽缸压缩压力过低或各缸压力不一致等。

发动机怠速运转时，检查各仪表工作状况，检查电源系统充电情况。

(2) 检查急加速性　待水温、油温正常后，通过改变节气门开度，检查发动机在各种转速下运转是否平稳，改变转速时过渡应圆滑。迅速踏下加速踏板，发动机由怠速状态猛加速，观察发动机转速是否能迅速由低速到高速灵活反应，发动机应无"回火"、"放炮"现象。当加速踏板踩到底时，迅速释放加速踏板，发动机转速是否能迅速由高速到低速灵活反应，发动机不能怠速熄火。发动机加速运转过程中，检查发动机有无"敲缸"和气门运动噪声。在规定转速下，发动机机油压力应符合有关规定。

(3) 检查发动机窜油、窜气　打开润滑油加注口，缓缓踩下加速踏板，如果窜气严重，肉眼可以观察到油雾气。若窜气不严重，可用一张白纸，放在离润滑油加注口50mm左右处，然后加速，若窜油、窜气，白纸上会有油迹，严重时油迹面积大。

(4) 检查排气颜色　正常的汽油发动机排出的气体应该是无色的，在严寒的冬季可见白色的水汽；柴油发动机带负荷工作时排出的气体一般是淡灰色的，当负荷较大时，为深灰色。无论是汽油机还是柴油机，如果排气颜色发蓝色，说明机油窜入燃烧室。若机油油面不高，最常见的是汽缸与活塞密封出现问题，即活塞、活塞环因磨损与汽缸的间隙过大。无论汽油发动机还是柴油发动机，如果排气管冒黑烟，说明混合气过浓，汽油发动机点火时刻过迟等。

(5) 检查发动机熄火情况　对于汽油机，关闭点火开关后，发动机正常熄火；柴油机，停机装置应灵活有效。

3. 检查转向系统

(1) 转向盘自由行程检查　将车辆停放在平坦路面上，左右转动转向盘，从中间位置向左或向右时，转向盘游动间隙不应该超过15°。如果是带助力的车辆，最好在启动发动机后做检查。如果转向盘的间隙过大，就需要对转向系统各部分间隙进行调整，这是需要到修理厂进行的工作。

(2) 转向系统传动间隙检查　可以用两手握住转向盘，采用上、下、左、右方向摇动，此时应该没有很松旷之感，如果很松，就需要调整转向轴承、横拉杆、直拉杆等，看有无松旷或螺帽脱落现象。

(二) 路试检查

路试检查的内容如下。

1. 检查离合器

正常的离合器应该是接合平稳，分离彻底，工作时不得有异动、抖动和不正常打滑现象。踏板自由行程应符合二手工程机械技术条件的有关规定。自由行程过小，一般说明离合器摩擦片磨损严重。踏板力应与该型号车辆的踏板力相适应。各种车辆的踏板力应不大于300N。

离合器常出现的故障为打滑和分离不彻底，有的还有异响。这些故障会导致像起步困难、行驶无力、爬坡困难、变速器齿轮发出刺耳的撞击声、起步时车身发抖等现象。

(1) 离合器分析不彻底检查　在发动机怠速状态时，踩下离合器踏板几乎触底时，才能切断离合器；或是踩下离合器踏板，感到挂挡困难或变速器齿轮出现刺耳的撞击声；或挂挡后不抬离合器踏板，车子开始行进，表明该车的离合器分离不彻底。其原因是：离合器踏板自由行程过大、离合器压盘限位螺钉调整不当，或是更换了过厚的离合器摩擦片、离合器分离杠杆不在同一平面上等。

(2) 离合器打滑检查　如果离合器打滑，会出现起步困难、加速无力、重载上坡时有明显打滑甚至发出难闻气味等现象。比如在挂上1挡后，慢抬离合器车子没反应，发动机也不熄火，就是离合器打滑的表现。其原因是：离合器踏板自由行程太小、分离轴承经常压在膜片弹簧上，使压盘总是处于半分离状态；离合器压盘弹簧过软或有折断；离合器与飞轮连接的螺钉松动等。

(3) 离合器异响检查　如果在使用离合器过程中出现异响也是不正常的。响声的形成原因大部分都是离合器内部的零件有损坏，这种情况需要进厂修理。其故障原因是：分离轴承磨损严重、轴承回位弹簧过软或折断、膜片弹簧支架有故障等。

(4) 离合器自由行程检查　当踩下离合器踏板到3/4时，离合器就应该稳固地接合。检查其行程是否合适，可以用直尺在踏板处测量，先测出踏板最高位置高度，再测出踩下踏板到感到有阻力时的高度，两个数值的差就是该车离合器行程数值，如果不符合要求就需要及时调整。

2. 检查制动性能

(1) 制动性能检测的技术要求　GB 7258—2012《机动车运行安全技术条件》中规定，汽车制动性能和应急制动性能的路试检测在平坦、硬实、清洁、干燥且轮胎与地面间附着系数不小于0.7的水泥或沥青路面上进行，检验时发动机与传动泵分离。

(2) 制动性能检查内容

① 检查行车制动。如果制动跑偏，很可能是同一车桥上的两个车轮制动力不等；或者是制动动力不能同时作用在两个车轮上导致的。其原因可能由于轮胎气压不一致；或是制动鼓（盘）与摩擦片间隙不均匀；或是摩擦片有油污；或是制动蹄片弹簧损坏等，应根据形成原因在修理厂加以维修。

汽车起步后，先点一下制动，检查是否有制动；将车加速至 20km/h 作一次紧急制动，检查制动是否可靠，有无跑偏、甩尾现象；再将车加速至 50km/h，先用点制动的方法检查汽车是否立即减速、跑偏，再用紧急制动的方法检查制动距离和跑偏量。

② 检查制动效能。如果在行车时进行制动，减速度很小，制动距离又很长，说明该车的制动效能不佳。其原因可能是摩擦片与制动鼓（盘）的间隙很大；制动踏板自由行程过大；制动油管内有空气；制动总泵或分泵有故障；或是制动油管漏油等。这种情况下需要到修理厂维修。

试车时，发现踏下制动踏板的位置很低，连续踩几脚后，踏板才逐渐升高，但仍感觉比较软，这很可能是制动管路内有空气所导致的；当第一脚踩下踏板制动失灵，再继续踩踏板时制动良好，就说明是踏板自由行程过大，或是摩擦片与制动鼓（盘）的间隙过大。总之，凡是制动效能不佳的车辆，都必须进厂修理，也必然影响车辆的身价。

③ 检查制动失效。在行车中出现制动失效，不能使车辆减速或停止，该车一定需要大修。其原因可能是制动液渗漏、制动总泵和分泵有严重故障。

④ 检查驻车制动（手刹）。如果在坡路上拉紧手刹后出现溜车，说明驻车制动有故障。其原因可能是驻车制动器拉杆调整过长；或是摩擦片与制动鼓（盘）间隙过大或有油污；摩擦片磨损严重或打滑；制动鼓（盘）与摩擦片接触不良等。这些故障也是需要在修理厂解决的。

驻车制动的控制装置的安装位置应适当，其操纵装置应有足够的储备行程（开关类操作装置除外），一般应在操纵装置全行程的 2/3 以内产生规定的制动效能；驻车制动机构装有自动调节装置时，允许在全行程的 3/4 以内，达到规定的制动效能。棘轮式制动操纵装置，应保证在达到规定的驻车制动效能时，操纵杆往复拉动次数不允许超过 3 次。

⑤ 检查制动系统辅助装置。对于气压制动系统的二手工程机械，当制动系统的气压低于 400kPa 时气压报警装置应发出报警信号。对于装备有弹簧储能制动器的二手机械，当制动系统的气压低于 400kPa 时弹簧储能制动器自锁装置应正常有效。

3. 检查变速器

从起步挡加速到高速挡，再由高速挡减至低速挡，检查变速器是否够轻便灵活，是否有异响，互锁和自锁装置是否有效，是否有乱挡现象，加减车速是否有跳挡现象，同时，换挡时变速不得与其他部件干涉。自动变速器的车辆在平坦的路面起步一般不要踩加速踏板，如果需要踩加速踏板才能起步，说明自动变速器保养不好，或已到保修里程；检查自动变速器是否有换挡迟滞现象，自动变速的车辆换挡时应该无明显的感觉，如果感觉车辆在加减速时有明显的发"冲"现象，说明自动变速器保养不好，或已到大修里程。

传动轴及中间轴承应正常工作，无松旷、异响。差速器、主减速器应工作正常、无异响。

4. 转向操纵检查

在宽敞路段，二手工程机械行驶过程中检查车辆的操作稳定性。在一宽敞的路段，以 15km/h 的速度行驶，作左、右圈转向盘，看转向是否灵活、轻便，有无回正力矩；撒手转向盘，看是否跑偏；高速行驶时，是否有跑偏、摆振现象。一般转向系统的路试检查有如下几个方面。

(1) 转动转向盘沉重检查　在路试二手工程机械时，做几次转弯测试，检查在转动转向盘时是否感到很沉重。如果有，则可能是横拉杆、前车轴、车架有弯曲变形；前轮的定位不准确；轮胎气压不足；转向节轴承缺油。对于有助力的二手工程机械，在行进中如果感到转向盘沉重就可能是有故障了。其原因有可能是油路中有空气；或是油泵压力不足；或是驱动带打滑；或是动力缸、安全阀等漏油。

(2) 摆振检查　路试二手工程机械时，发现前轮摆动、转向盘抖动，这种现象称为摆振，可能的原因是转向系的轴承过松；横拉杆球头磨损松旷；轮毂轴承松旷；车架变形；或者是前束过大。

(3) 跑偏检查　如果在路试中，挂空挡松开转向盘，出现跑偏问题，有可能是以下原因导致的：悬架系统故障，其中一侧的减振器漏油，或是螺旋弹簧故障；前轮定位不好，或是两边的轴距不准确；还可能是车架受过碰撞事故而变形；或是车轮胎压不等。

(4) 转向噪声检查　转向时如果动力转向系统出现噪声，很可能是以下故障造成的：油路中有空气；储油罐油面过低需要补充；油路堵塞；或是油泵噪声。

5. 检查工程机械的动力性

通过道路实验分析工程机械动力性能，其结果接近于实际情况。工程机械动力性在道路试验中的检测项目一般有高挡加速时间、起步加速时间、最高车速、陡坡爬坡车速、长坡爬坡车速，有时为了评价机械的拖挂能力，也进行机械牵引力检测。另外，有时为了分析机械动力的平衡问题，采用高速滑行试验测定滚动阻力系数和空气阻力系数。道路试验会受到道路条件、风向、风速、驾驶技术等因素的影响，且这些因素可控性差，同时还需要按规定条件选用和建造专门的道路等。

检查机械的爬坡性能。检查机械在相应的坡道上，使用相应的挡位时的动力性能是否与经验值相近，感觉是否正常。

检查机械是否能够达到原设计车速，如果达不到，估计一下差距大小。

6. 检查传动系统间隙

路试中，将工程机械加速至 40~60km/h 迅速抬起加速踏板，检查有无明显的金属撞击声。如果有，说明传动间隙大。

7. 检查机械传动效率

在平坦的路面上做滑行试验，在机动车运行到 50km/h 时，踏下离合器踏板，将变速杆摘入空挡滑行，根据经验，通过滑行距离估计机械各传动的效率。

8. 检查传动系统与行驶系统的动平衡

工程机械在任何车速下都不应抖动。如果机械在某一车速范围内抖动，说明机械的传动系统或行驶系统动平衡有问题，应检查轮胎、传动轴、悬架、间隙等。

(三) 动态试验后检查

1. 检查各部件温度

检查润滑油、冷却液温度，冷却液温度不应超过 90℃，发动机润滑油温度不应高于 95℃，齿轮油温度不应高于 85℃；检查运动机件过热情况，查看轮毂、制动鼓、变速器壳、传动轴、中间轴承、驱动桥壳等的温度，不应有过热现象。

2. 检查渗漏现象

在发动机运转及停车时，水箱、水泵、缸体、缸盖、暖风装置及所有连接部位不得有明显渗水、漏水现象。工程机械连续行驶距离不小于10km，停车5min后观察，不得有明显渗油、漏油现象。工程机械不得有漏气、漏油现象。气压制动机械，在气压升至600kPa且不使用制动的情况下，停止空气压缩机3min后，气压的降低值不应大于10kPa。在气压为600kPa的情况下，将制动踏板踩到底，待气压稳定后观察3min，气压的降低值不应大于20kPa。液压制动二手工程机械，在保持踏板力700N时达到1min踏板不允许有缓慢向前移动的现象。

四、知识与技能拓展

（一）工程机械故障的定义与分类

1. 工程机械故障的定义

工程机械故障是指工程机械中的零、部件或总成部分或完全丧失了工作能力的现象。故障与失效都是指零部件丧失了工作的能力，但两者使用的场合有所不同。一般说来，故障用于可修复的零部件，如化油器、分电器、喷油器、转向器、离合器等。而失效则常用于不必修复或不可修复的零部件，如活塞、活塞环、火花塞及各种紧固件、垫片等。

2. 工程机械故障的分类

工程机械故障一般分为功能故障和参数故障两大类：功能故障一般是指这类故障发生后工程机械不能继续完成本身的功能，如行驶跑偏、转向系失灵、发动机不能启动等；参数故障是指工程机械的性能参数达不到规定的指标，机械部分或完全丧失工作能力，如发动机功率下降、每百千米油耗超标、机油耗量异常、滑行时间和加速时间达不到要求等。

工程机械故障按照故障发生后造成的后果的严重性又可分为轻微故障、一般故障、严重故障和致命故障。

(1) 轻微故障　轻微故障一般不会导致工程机械停车或性能下降，不需要更换零件，用随车工具能在5min内对故障部位做稍许调整即可排险。如气门脚响、点火不正、喷油不正、怠速过高、紧固件松动等。

(2) 一般故障　一般故障使工程机械停驶或性能下降，但一般不会导致主要部件和总成的严重损坏，可更换易损备件并能用随车工具在短时间（30min）内排除。如滤清器堵塞、垫片损坏而漏油、来油不畅等。

(3) 严重故障　严重故障可能导致主要零部件和总成的严重损坏，必须停车，且不能用易损备件和随车工具在较短时间（30min）内排除。如发动机拉缸、抱轴、烧轴承、汽缸体裂纹等。

(4) 致命故障　致命故障指危机工程机械行驶安全，导致人身伤亡，引起主要总成报废，造成重大经济损失，或对周围环境造成严重危害的现象。如连杆螺栓断裂、活塞破裂、柴油机飞车等。

（二）故障的诊断

工程机械使用过程中产生的故障现象是错综复杂的，往往一种故障现象，可能是由多种原因引起的，而某一原因又可能引发多种故障现象，必须科学、准确地对故障现象进行分析，诊断出造成故障的原因，这也是目前工程机械诊断技术努力研究的课题。

目前对工程机械故障诊断的方法有两种：一种是仪器设备诊断法，另一种是直观经验诊断法。

1. 仪器设备诊断法

工程机械故障的仪器诊断法是工程机械在不解体的情况下，用仪器设备获取有关的信息参数，并据此判别机械的技术状况。这种方法也称为不解体检验法。随着电子测试技术、信号处理技术和计算机技术的发展，工程机械故障诊断设备日益完善，如发动机异响诊断仪、电涡流底盘测功机等设备越来越广泛地在工程机械故障诊断和维修中使用。

2. 直观经验诊断法

工程机械故障的直观经验诊断法是依靠人为感觉和观察或者采用简单工具并通过一定的试验来确定机械故障的方法。这种方法的基本原则是"先简后繁、先外后内、分段检查、逐渐缩小故障部位的范围"。它具体包括问、看、听、嗅、摸、试、想7个方面。

问，即调查。包括询问工程机械行驶的里程数、近期的维修情况、故障发生前的预兆等。

看，即观察。例如观察仪表指示是否正常、排气颜色、化油器是否漏油、行驶是否跑偏、发动机有无抖动等。

听，即查听工程机械在各种工况下所发出的声响。包括化油器有无回火声、汽缸内有无爆燃声或敲击声、排气管有无放炮和"突突"声等。

嗅，即嗅工程机械使用过程中是否散发出某些特殊气味。包括制动器拖滞、离合器打滑发出摩擦片的焦臭味，电路短路搭铁导线烧毁时发出的臭味等。

摸，即触摸可能产生故障部位的温度、振动情况。包括配合面是否过热、轴承是否过紧、高压油管有无供油脉动等。

试，即试验。包括用拉阻风门的方法试验发动机工作情况，用慢加速或急加速的方法试验工程机械发动机在怠速、低速、中速、高速和加速等各种工况下的工作情况；用单缸断油或断火法判别发动机异响部位；用滑行试验方法观察工程机械底盘各部分的摩擦阻力等。

想，即思考。根据故障现象，运用理论知识和实践经验分析思考，合理、正确地判断故障部位和故障原因。

第四节　对鉴定工程机械进行拍照

一、任务分析

工程机械拍照是评估人员根据评估登记号，使用数码照相机拍摄被评估机械照片，并存入系统存档。

二、相关知识

1. 拍摄距离

拍摄距离是指拍摄立足点与被拍照二手工程机械的远近，一般要求全车影像尽量充满整个像面。

2. 拍摄角度

拍摄角度是指拍摄立足点与被拍照二手工程机械的方位关系。拍摄角度方位一般分为上下关系和左右关系。

(1) 上下关系　拍摄角度的上下关系可分为俯拍、平拍和仰拍三种。俯拍是指在比被拍摄物高的位置向下拍摄；平拍是指拍摄点在物体的中间位置，镜头平置的拍摄，此种拍摄方法效果就是人两眼平视的效果；仰拍是指相机放置在较低部位，镜头由下向上仰置的拍摄，这种拍摄效果易发生变形。

(2) 左右关系　拍摄角度的左右关系一般根据拍摄者确定的拍摄方位，分为正面拍摄和侧面拍摄两种。正面拍摄是指面对被拍摄的物体或部位的正面进行拍摄；侧面拍摄是指在被拍摄物体的正侧面所进行的拍摄。

3. 光照方向

光照方向是指光线与相机拍摄方向的关系，一般分为正面光、侧面光和逆光三种。对二手工程机械拍照应尽量采用正面光拍照，以使二手工程机械的轮廓分明、牌照号码清晰、车身颜色真实。

4. 对二手工程机械拍照的要求

① 车身要擦洗干净。
② 前挡风玻璃及仪表盘上无杂物。
③ 机动车号牌无遮挡。
④ 关闭各车门。
⑤ 转向盘回正，前轮处于直线行驶状态。

5. 二手工程机械常见拍摄位置

对二手工程机械拍照一般要拍摄前面、侧面和后面三个方向的整体外形照、发动机舱、驾驶室、后备箱等局部位置的照片。

(1) 整体外形照　整体外形照采用平拍，其中前面照（也称为标准照）是在与车左前侧呈45°方向拍摄；侧面照是正侧面拍摄；后面照是在与车右后侧呈45°方向拍摄。

(2) 局部位置照　局部位置照采用俯拍。

三、任务实施

① 检查工程机械是否符合拍照的要求。视需要进行必要的处理。
② 调整好照相机。
③ 拍摄二手工程机械的标准、侧面、后面及局部照片。
④ 将拍摄的照片整理保存。

本章习题

1. 简述二手工程机械静态检查步骤？
2. 简述二手工程机械动态检查步骤？
3. 如何鉴别水货工程机械？

第五章

■二手工程机械评估心理

【学习目标】
一、学习重点
1. 二手工程机械交易过程中的心理价格及影响因素。
2. 二手工程机械价格评估标准和依据。
二、学习难点
1. 影响价格判断的因素。
2. 二手工程机械产品定价策略。

工程机械是价格比较昂贵的一种特殊产品,二手工程机械最大的优势在于价格。价格是商品价值的货币表现形式,而商品价格的高低,直接关系到买卖双方的切身利益,也直接影响消费者对某些商品的购买意愿,以及购买数量的多少。所以,商品价格是消费者购买心理中最敏感的因素。价格作为客观因素,它对消费者的购买心理必定产生影响,进而影响消费者的购买行为。

第一节 二手工程机械商品价格心理

在传统市场,一般来说,产品的价格主要受市场供求关系以及产品自身的成本所决定,根据马克思的劳动价值理论,商品的价格由生产该商品所耗费的社会必要劳动时间所决定,并且商品价格受供求关系影响会围绕商品价值上下波动。目前国内外的研究主要基于生产者的角度、经营者的角度以及外部宏观法律政策环境的角度。除此之外,产品销售状况还受消费者的心理价格,商品价格的心理策略和价格调整策略等一系列基于消费者心理视角因素的影响。

一、心理价格及影响因素

消费者的心里价格是消费者在主观上对一种商品给出的价格,或者是消费者在商品价格既定的情况下,对商品的接受程度,也就是消费者主观上对商品价值的判断。企业的产品在市场上的销售快慢既受商品自身价格的影响,又受消费者爱好的影响。也就是说,消费者心理因素对商品价格的调整、涨跌等起着明显的影响和牵制作用,对企业价格策略的选择产生抑制和推动的作用。如何提高产品的消费者心理价格,企业经营者应该注意主要因素有以下几点。

(1)企业声望 企业的声望,对于产品的消费者心理价格有着很重要的影响。一家知名度高,深受消费者信任和喜爱的企业,它的产品往往具有很高的"消费者心理价格"。为了提高企业声望,一些具有名牌的产品的企业可将自己的牌子和厂名相联系,这样一旦产品牌子响了,企业也出名了。不外乎是企业要生产质量过硬的产品,并通过各种方法和途径向消费者介绍宣传自己。

(2) 销售服务 消费者对商品价格高低的判断不完全以绝对价格为标准,还受其他因素的影响,主要有商品的使用价值和社会价值;由于刺激因素造成的错觉,有的商品绝对价格相对高一些,消费者会觉得便宜;有的商品绝对价格相对低一些,消费者会觉得很贵。企业对消费者提供的服务是多方面、多阶段的。不仅售后服务对"消费者心理价格"有着重要的影响,而且售前和售中服务对"消费者心理价格"也有很大的影响。企业在商品走俏时,不能放松自己的售后服务,更不能不兑现自己许诺的服务。否则就是在败坏自己的声望,降低"消费者心理价格"。

(3) 客观产品 价格是消费者社会地位和经济收入的象征。客观价格是企业根据客观经济规律,综合考虑成本、竞争、供求等因素制订的产品价格。心理价格是在客观价格基础上形成的,但它经常偏离客观价格。也就是说经常出现这种情况:消费者在心目中认为商品价格偏高,或认为标价偏低。但价值较高或档次较高的商品,客观价格较高,一般容易得到消费者的认可,心理价格偏离较少。而低价商品,与消费者日常生活关系密切,消费者对其价格变动敏感,心理价格易向下偏离。一般来说,价格上升会引起需要量下降,抑制消费;价格下降会增加需要量,刺激消费。造成这种情况的原因是消费者的生活经验、经济条件、知觉程度、心理特征等有着不同程度的差异,他们对价格的认识及心理反应千差万别。

在消费者对商品品质、性能知之甚少的情况下,主要通过价格判断商品品质。许多人认为价格高表示商品质量好,价格低表明商品品质差,这种心理认识与成本定价方法以及价格构成理论相一致。所以,便宜的价格不一定能促进消费者购买,相反可能会使人们产生对商品品质、性能的怀疑。适中的价格,可以使消费者对商品品质、性能有"放心感"。

(4) 成本因素 消费者对商品价格的选择倾向或为高价,或为低价。前者多为经济状况较好,怀有追求名牌的消费者;后者多属经济状况一般,怀有求实惠动机的消费者。一般来说收入水平较低,消费能力较低,所希望的价格水平也就较低,心理价格向下偏离。

不管心理价格向上还是向下偏离,都会影响消费者购买,影响商品的销售。最好的定价方法是:商品的客观价格和商品的心理价格能相互符合。

二、消费者价格心理

消费者价格心理是指消费者对商品价格的心理反应。影响消费者购买行为的重要因素。价格是消费者购买过程中最敏感的因素,关系着买卖双方的切身利益。企业要想在激烈的市场竞争中立于不败之地,就必须准确把握消费者的心理特点,制订合理的心理定价策略,从而使企业产品的价格在心理上被消费者接受,达到促进销售,获得利润最大化的目的。

(1) 对价格的习惯性心理 消费者对商品价格的习惯性心理是消费者评价商品价格是否合理的主要依据,是根据自己以往购买商品的经验所形成的印象,这也就是"消费者对商品价格的习惯性心理"。消费者对商品价格的认识,是在多次的购买活动中逐步体验的,并形成了对某种商品价格的习惯性。虽然商品价格有客观标准,但是在现代社会里,由于科学技术的飞速发展,决定商品价值的社会必要劳动时间变化莫测,消费者很难对商品价值量的客观标准了解清楚,因此,在多数情况下对价格的认识,只能根据他们自己反复多次的购买经历来进行测定,并逐步形成了对商品价格的习惯。这种习惯往往支配着消费者的购买行为,成为消费者衡量商品价格是否合理的一个尺度。如果某个商品价格是在他们认定的尺度内,就乐于接受，超过这个尺度，他们就不愿意接受。消费者的价格习惯一经形成，往往要维持相当一段时间，它支配消费者的购买行为。因此当商品价格变动时，往往会迫使消费者的价格习惯经历一个困难的、由不习惯、不适应到习惯和比较适应的过程。

(2) 对价格的敏感性心理 消费者对商品价格具有敏感性心理，敏感性心理是指消费者对商品价格变动在心理上的反映程度和速度。衡量价格敏感性的一个最常用指标是消费者的价格弹性，即对价格的反映程度。价格弹性用购买量变化的百分率与价格变化的百分率之比来测量。如果购买量减少的百分率大于价格上升的百分率，则需求是富于弹性的，如果购买量减少的百分率小于价格上升的百分率，则需求是缺乏弹性的。如果需求是富于弹性的，说明商品的价格变化不大，则购买量却会产生很大的变化，即消费者对价格反应比较敏感；如果需求缺乏弹性，说明商品价格变动后，购买量却不会产生很大变化，即消费者对价格反应不敏感。消费者对价格的两种不同反应，是由于人们在长期的购买活动中的意识、想象、习惯及对商品品质的体验，形成的对商品价格的一个大概标准——这是他们心目中的公平价格，并以这个公平价格为基础来衡量其他价格。围绕标准价格有一个变动范围，在这个范围以内，消费者不大可能改变消费量或购买其他品牌的商品，但超出这个范围，就会出现明显的变化，导致较大的价格弹性。正如詹姆斯恩格尔等人所指出的，由于消费者对许多产品往往不注意它们的精确价格，因而，在许多情况下，可能存在一个可接受的价格范围。如果产品落入这个范围，价格就可能不被作为一个尺度，然而，若价格超出可接受范围的上限或下限，价格就变得很重要，同时有问题的产品将被拒绝。

例如消费者在购买二手机械时，往往是因为价格的原因。二手工程机械的价格对消费者是比较敏感的，而影响二手工程机械价格的因素有很多，其中最主要的一条是新机械的价格浮动。在车辆营销和工程机械营销中，有"金九银十"这一营销策略。"金九银十"是指企业通常会在十月份来完成厂商制订的年销售目标，此时会有较大的优惠来带动销量的提升，确保完成年度销售计划。在十一月期间，企业往往会完成销售目标，所以这个月成为企业利润月，优惠可能没有之前那么大。最后一个月，厂商往往会推出新的改款机器，并且在这个月内完成上市。因此可以看出这款机器在一年中创下优惠最大幅度是在十月份，但是在此期间二手车的营销市场并不是很好。春季是二手工程机械的消费黄金期，购买者往往会按照去年的最大优惠来给二手机械定价，但是二手工程机械的价格并不仅仅受到新机价格影响，也受到市场营销情况和国家相关法律政策的影响。在一般情况下新机的价格也处于较高价位，这样消费者的心理价位与营销者的定价产生差距，消费者对价格的浮动就比较敏感。由于人们想象中的价格标准是比较低的，因而对价格变动的敏感性高，心目中的价格上、下限幅度也较小，离开这个幅度范围，引起人们对价格的心理反应就比较强烈。而对耐用消费品，一般人们一生中购买不了几次，缺少购买经验，难以对这类商品的价格、价值与质量之间作出正确的评价，往往认为价格越高越好。还有些商品在人们心目中的价格就比较高，其上、下限的幅度也大。在市场经济活动中，常常看到这样一种现象：有些消费者购买一种机械的简单保养品，每个贵了几十元，往往感到不好接受；而当他购买一台二手工程机械设备时，付出的价钱比一般的普通机械多几万元、甚至十几万元，又往往心安理得。这种现象就是人们价格心理中敏感性不同的反应。由于消费者对不同的商品敏感性反应是不同的，所以应当采用不同的营销策略。

对于日用消费品，采用薄利多销的策略，是符合消费者的价格心理的。由于人们对日用消费品价格变动比较敏感，较低的价格就会导致销售量的巨大上升，利用销售量扩大赚得的利润来弥补降价所带来的损失。虽然单位商品获利减少了，但低价吸引了更多的顾客，扩大了销售额，企业的利润还是增加了。当然，如果降价幅度过大，有时也会令一些消费者怀疑商品是否有质量等问题，反而不敢轻易购买。根据很多企业的实践经验，当商品价格降低10%～40%时，消费者会感到这些商品还有使用价值，不会冒很大风险，如果降价幅度超过50%，消费者会对商品产生怀疑。所以，企业在采取薄利多销的营销策略时，应当做好充分的市场调查，进行周密的研究分析，确定合理的降价幅度，这样才能实现降价后所获利润最大化的目标。对于耐用消费品和高档产品，采用薄利多销的策略收效甚微，因为这些商品对价格的反应不太敏感，降价后不会导致销售额上升。因此，应当考虑从其他的方面来制订相应的策略。消费者购买耐用消费品，对商品的质量、功能以及售后服务等方面的要求比较苛刻，因此，企业可采用安全定价策略，将单纯买卖商品的价格改为"一揽子价格"，即将提供商品售后服务，确定消费者一定时期内安全使用的所需费用，包括送货上门、代为安装、附送易耗件、包用期内上门维修等的费用，按估算的平均水平全部算进价格内，并将产品售后服务措施公布于众，这样就能增强买主的安全感，从而可以大大促进销售。

(3) 对价格的感受性心理　消费者对商品价格的感受性心理，消费者对商品价格的感受性心理是指消费者对商品价格高低的感受程度。消费者对商品价格高与低的判断，一般通过三种途径：第一，同一购买现场，同一的价格不同组合的商品消费者感受不同。市场上的商品由于货位的对比方式、营业场所的气氛不同，往往会使消费者作出不同的判断。这是因为消费者普遍具有一种先验心理。由于人的直觉上的差别，会引起不同的情绪感受。工商企业营业厅环境布置的优劣，商品陈列造型和颜色搭配，灯光和自然光的采用，营业员的仪表，都能给消费者不同的感觉，从而影响消费者对价格的判断。例如，同一商品在高价格系列中就显得较低，在低系列价格中就显得较高。第二，同一使用价值的商品，由于销售地点的不同，使消费者对商品价格的感受不同。在人口密度大的地方设店，顾客数量多，需求量大，价格高一些，仍有较大的销售量。而在偏僻地区设店，由于交通不便，只能以低价销售来吸引顾客。另外，购物环境的氛围以及店内的装饰同样也会对商品的价格产生影响。例如一台二手挖掘机，放在自由市场和放在指定的商家出售，给人的感觉是完全不同的。第三，同样使用价值的商品，不同的广告效应以及在市场的普及率而引起消费者不同的心理感受。商标是企业商品的标志，同样使用价值，知名企业产品的价格往往比同类商品高出几倍，而消费者仍然很乐意接受，这就是由于名牌商品给消费者所带来的独特感受所造成的。使用名牌，不仅能带来物质上的享受，而且还能带来精神上的满足。

(4) 对价格的倾向心理　消费者对价格的倾向性心理，消费者对商品价格选择的倾向性心理是指消费者在购买商品过程中对商品价格的高低进行比较后而选择商品的倾向。消费者对商品价格选择的倾向性概括起来分为以下几种：①求廉心理倾向。这是一种以追求廉价商品为主要目标的购买心理。具有求廉心理的消费者，往往是处理品、特价品、折价品、低档品、残次商品、废旧商品、冷落商品的主顾。这类顾客对商品的价格特别敏感，而对商品的质量则不太苛求。只要商品的价格便宜，质量有点问题，不影响使用也可以。物美价廉固然好，物欠美，而价优惠也还合算。针对这种心理的消费者，企业在制订策略时就应当研究在保本的情况下如何降价才能使销售量达到最大。降价策略对这类消费者往往产生奇特的效用。如果企业在积压产品过多的情况下，采取此类策略无疑会给企业带来新的生机。另外，针对求廉的消费者心理倾向，企业可以采取相应的定价策略，使消费者在心理上感受到价格比较便宜。常用的价格策略是零头定价法，也称为奇数定价法，即把本可以定为整数的商品价格改定为低于这个整数的零头价格，而且常常以奇数作尾数。这样消费者认为这个价格是经过精确计算过的，不是随意估算的，因而产生真实感，引发他们的购买欲望。②自尊求荣心理倾向。商品价格具有自我意识的比拟功能，不仅表现着商品的价值，在某些情况下还具有表现消费者社会地位高低的社会心理含义，所以，足以显示购买者富裕程度的名贵商品，往往是这类顾客追求的对象。针对消费者的求荣心理，可以采用高价策略。如果企业的产品刚进入市场，供给量少，拥有它可以显示自己的富有、与众不同。因此，采取高价策略正适合了消费者的求荣心理。如果企业的产品是名牌，即使价格比较高，消费者也认为合情合理，若是把价格定得低了，反而会削弱了名牌带来的效应。③求实心理倾向。有这种心理的消费者在购买商品时，重视产品的使用价值，讲究经济实惠，而不追求商品的外形美观和款式是否新颖，希望花少钱买到称心如意的商品。这种心理在消费者中极为普遍，有这种心理的人，大多数属于中低档购买能力的消费者。针对这类消费者，企业在制订营销策略时，应尽量宣传商品的使用价值，利用简易的包装来降低其生产成本，从而降低产品的价格，吸引更多的"求实"消费者。

（5）消费者判断价格的途径　与市场上的同类商品的价格进行比较。比较是一种普遍使用的、最简单的一种判断商品价格高低的方法。直观的比较让消费者立即就能决定是否购买某种商品。

与同一售货场中的不同商品价格进行比较。如一桶中档机油售价400元，把它摆放在多数600元以上机油的高档柜台和摆在多数都是300元以下低档机油柜台，消费者的价格感受和判断是不一样的。多数消费者会认为高档柜台标价600元的中档机油便宜，低档柜台标价300元的中档机油较贵。

通过商品所提供的服务进行比较。现代商品的竞争在很大程度上又是服务的竞争，消费者通过对商品所提供的服务，体验商品，从而形成对商品价格的判断。

（6）影响价格判断的因素

① 消费者的经济收入。这是影响消费者判断价格的主要因素。例如，同样一台挖掘机，初步创业的消费者和一些大老板对价格的感受和判断可能这完全不同。前者会认为价格非常，而后者恰恰相反。

② 消费者的价格心理。前面分析的习惯价格心理、敏感价格心理、倾向价格心理等都会影响消费者在购买商品时的价格判断。例如对于人们已经习惯了的电费、水费等，虽然可能只是上调几分钱，也会在一定程度上引起消费者在短期内的抵触心理。

③ 生产和出售地点。同类商品的生产工艺可能完全相同，但由于产地不同，消费者对价格的判断也不尽相同。又如同样一台挖机，分别在4S店、6S店和三级代理商出售，消费者的价格判断是不同的，他们会认为，6S店很便宜，而三级代理商的价格太高。

④ 商品的类别。同一种商品因不同的用途、功效，可归入不同的商品类别。消费者对不同类别的商品价格判断标准也会不同。一台中高档挖机以150万元的价格出售，作为普通的消费者会认为偏贵，而经过加以改装作为旋转挖掘机或者水用挖掘机，则消费者会认为可以接受。

⑤ 消费者对商品需求的紧迫程度。当消费者急需某种商品而又无替代品时，价格即使会高些，消费者的也会接受。例如在4S店出售的商品价格较高，但消费者极需某种商品，不能去别处购买，又没有什么替代品时，也可以接受价格相对较高的商品。

⑥ 商品的时间性。季节性商品的价格是随季节的变化而调节的，应季的商品价格会高

一些，而过季的商品价格会低很多，这就是商品的时间性。还有一些具有工期性的商品，消费者也会接受比平时商品贵的价格。

三、商品价格的心理策略

1. 二手工程机械产品定价策略

二手工程机械产品定价的难点在于无法确定消费者对于二手工程机械产品的理解价值。如果价格定高了，难以被消费者接受，影响二手工程机械产品顺利进入市场；如果定低了，则会影响企业效益。

2. 二手工程机械价格评估基本概念

二手工程机械价格评估是由专门的鉴定评估人员，按照特定的目的，遵循法定或公允的标准和程序，运用科学的方法，对二手工程机械进行手续检查、技术鉴定和价格评估的过程。

二手工程机械价格评估从实质上来说，是市场经济的产物，是适应生产资料市场流转的需要，由鉴定评估人员所掌握的市场资料，并在对市场进行预测的基础上，对二手工程机械的现时价格作出预算。

通过对概念的解释可以看出，二手工程机械的鉴定由六大要素组成，即鉴定估价主体、客体、特定目的、程序、标准和方法。鉴定估价的主体是指二手工程机械鉴定估价由谁来承担；客体是指鉴定估价的对象；目的是指二手工程机械发生的经济行为，直接评估标准和方法的选择；鉴定估价的标准是指采用的计价标准；鉴定估价的方法是用以确定二手工程机械评估的手段和途径。

3. 二手工程机械价格评估标准和依据

和其他资产评估一样，二手工程机械的价格评估的计价标准是关于二手工程机械价格所适用的价格标准的准则，它要求计价标准与二手工程机械估价的业务相匹配。

二手工程机械的估价标准是以二手工程机械评估价值形式上的具体化，二手工程机械在价值形态上的计量可以有多种类型的价格，分别从不同角度反映二手工程机械的价值特征。这些价值不仅在质上不同，在量上也存在很大差异，而二手工程机械评估业务所要求的具体计价标准确是唯一的。因此，必须根据评估的目的，弄清所要求的价值尺度内涵，从而确定二手工程机械的评估所适用的价格类别。根据我国的资产评估管理要求，二手工程机械要遵循四类标准：即重置成本标准、现行市价标准、收益现值标准和清算价格标准。

二手工程机械鉴定评估和其他评估工作一样，在评估时必须有科学的依据，这样才能得出较为正确的结论。二手工程机械鉴定评估的依据是指二手工程机械鉴定评估工作所遵循的法律、法规、经济行为文件、合同协议以及收费标准和其他参考依据。二手工程机械鉴定与评估的依据除要遵循资产评估学的相关理论和国家规定的方法操作外，还须遵循的相关依据包括政策法规依据。二手工程机械鉴定评估工作政策性较强，依据的国家政策法规主要有《国有资产评估管理办法》、《国有资产评估管理办法实施细则》、《二手工程机械报废标准》、《二手工程机械流通管理办法》；另外有些地方政府也针对二手工程机械交易制订了一些地方性的政策法规。二手工程机械鉴定评估的价格依据主要来自两个途径：一是历史依据，主要是二手工程机械的账面原值、净值等资料，它具有一定的客观性，但不能作为鉴定评估的直接依据；二是现时依据，即在评估价值时都要以基准日这一时点的现时条件为准，即现时的价格、现时的车辆功能和技术状态等。

现行市价法。现行市价法又称市场法、市场价格比较法，是指通过比较被评估工程机械与最近售出类似工程机械的异同，并将类似工程机械的市场价格进行调整，从而确定被评估工程机械价值的一种评估方法。现行市价法是最直接、最简单的一种评估方法。

现行市价法的应用前提条件：

一要有充分活跃的二手工程机械市场，即二手工程机械交易公开市场。在这个市场上有众多的卖者和买者，交易充分平等，这样可以排除交易的偶然性和特殊性。市场成交的二手工程机械价格可以准确反映市场行情，评估结果更公平公正，双方都易接受；

二要参照的二手工程机械与被评估的二手工程机械有可比较指标、技术参数等资料。只有符合以上条件，才能使用现行市价法。

运用现行市价法，重要的是能够找到与被评估车辆相同或相似的参照物，并且参照物是近期的、可比较的。

从上面分析来看二手工程机械价格的影响因素主要由重置成本、使用期限、行驶里程、整车状况、等因素所决定。

重置成本：指购买与二手工程机械同样品牌的新车所需要的价格，包括购置税。由于当前我国工程机械行业竞争十分激烈，新工程机械降价销售已成为工程机械市场的常态，同一车型有可能在同一月内甚至同一星期内市场销售价格相差上万元，因此，重置成本如何确定是一难题，也是影响二手工程机械交易成败与否的关键。如果按时间上最近的同品牌新工程机械价格计算，则卖方有可能觉得与其购买时价格相差过大而吃亏；如果按二手工程机械购入价为重置成本，则买方又觉不合算，还不如买新工程机械。所以，从成交的角度考虑，在评定重置成本时应该兼顾买卖双方的利益而不能取极端。

使用小时：使用小时的多少也对二手工程机械的价格起着决定的作用。同样，使用年龄的二手工程机械，如果使用小时不一样，则其价格也应不一样；同样，使用小时一样，如果使用年龄不一样，则其价格也不一样。同时也指二手工程机械实际已经使用的时间长度。使用时间越长则其折旧率越大，反之则越小。但如何利用使用年限来计算折旧率目前也没有统一标准。

磨损状况：指机械的外观、工作装置、底盘、发动机等的状态。一般通过静态检测与动态检测即可知道。静检测主要检查漆面、车身、车门、行走装置、内饰、底盘、工作装置等是否良好；动态检测主要检查发动机息速是否良好，有没有异常的声音和抖动，以及工作装置有无松动和抖动现象和行走能否正常运作。

4. 商品心理定价策略

每一件产品都能满足消费者某一方面的需求，其价值与消费者的心理感受有着很大的关系。这就为心理定价策略的运用提供了基础，使得企业在定价时可以利用消费者心理因素，有意识地将产品价格定得高些或低些，以满足消费者生理的和心理的、物质的和精神的多种方面需求，通过消费者对企业产品的偏爱或忠诚，扩大市场销售，获得最大利益。常用的心理定价策略有整数定价、尾数定价、声望定价。

(1) 整数定价策略　对于那些无法明确显示其内在质量的商品，消费者往往通过其价格的高低来判定其质量的好坏。但是，在整数定价方法下，价格的高并不是绝对的高，而只是凭借整数价格来给消费者造成高价的印象，整数定价常常以偶数特别是"0"作尾数。例如：一辆二手工程机械可以定价为 400000 元，而不必定为 398000 元，这样定价的好处：可以省去找零钱的麻烦，方便企业和顾客的价格结算，花色品种繁多，价格总体水平较高的商品，利用产品的高价效应，在消费者心中树立高档，高价优质的产品形象。

（2）尾数定价策略　尾数定价又称"奇数定价"、"非整数定价"，指企业利用消费者求廉的心理，制定非整数价格，而且常常以奇数做尾数，尽可能在价格上不进位。比如，把一台挖机的价格定为49.8万元，而不是50万元。可以在直观上给消费者一种便宜的感觉，从而激起消费者购买欲望，促进产品销售量的增加。使用尾数定价，可以使价格在消费者心中产生三种特殊的效应：便宜、精确、中意。

（3）声望定价策略　这是根据产品在消费者心中的声望、信任度和社会地位来确定价格的一种定价策略。声望定价可以满足某些消费者的特殊欲望，因此，这一策略适用于一些传统的名优产品以及知名度高、有较大的市场影响、深受市场欢迎的驰名商标，都是成功地运用声望定价策略的典范。

（4）习惯定价策略　有些产品在长期的市场交换过程中已经形成了为消费者所适应的价格，成为习惯价格。企业对这类产品定价时要充分考虑消费者的习惯倾向，采用"习惯成自然"的定价策略。对消费者已经习惯了的价格，不宜轻易变动。降低价格会使消费者怀疑产品质量是否有问题；提高价格会使消费者产生不满情绪，导致购买的转移。在不得不需要提价时，应采取改换包装等措施，减少抵触心理，并引导消费者逐步形成新的习惯价格。

（5）分级定价策略　这种策略是把某一类商品的不同品牌、不同规格、不同型号划分成若干个等级，对每一个等级的商品制定一个价格，而不是一物一价。这种定价策略既便于消费者选购，也便于简化交易手续。通过制订不同档次的消费价格来代表不同商品的品质水平，从而满足不同消费者的消费水平与消费心理。

（6）折扣折让定价策略

这是商品销售在一定条件下，用低于原定价格的优惠价格来争取消费者的一种定价策略。其心理功能是利用消费者追求"实惠"、捉住"机会"的心理，利用优惠价格来刺激和鼓励消费者大量购买和重复购买。折扣折让策略在实际应用时通常包括数量折扣价格策略、现金折扣价格策略、商业折扣价格策略、促销折让价格策略等。

心理因素是一双"看不见的手"，指挥着消费者进退。消费者对价格的期望心理、对价格变化的理解以及价格错觉等很大程度上影响其消费行为。商家可以根据不同时期、不同产品消费者的心理状态，对定价策略灵活运用，不拘一格。在商业竞争中，必须关注消费者的心理，知己知彼，有的放矢，才能事半功倍，获得更高的利润，更大的发展。

5. 价格调整策略

企业为某种产品制订出价格后，并不意味着大功告成。随着市场营销环境的变化，企业必须对现行价格予以调整。

（1）价格调整原因　调整价格，可采用减价和提价策略。企业产品价格调整的动力既可能来自于内部，也可能来源于外部。倘若企业利用自身的产品或成本优势，主动地对价格予以调整，将价格作为竞争利器，这称为主动调整价格。有时，价格的调整出于应付竞争的需要，即竞争对手主动调整价格，而企业也相应地别动调整价格。无论是主动调整，还是被动调整，其形式无外乎是降价和提价两种。

1）降价原因。企业降价的原因很多，有企业外部需求及竞争等因素的变化，也有企业内部的战略转变、成本的变化还有国家政策、法令的制约和干预等。这些原因具体表现在以下几个方面。

企业急需回笼大量资金：对现金产生迫切需求的原因既可能是其他产品销售不畅，也可能是为了筹集资金进行某项新活动,而资金借贷来源中断。此时,企业可以通过对某些需求的价格弹性大的产品予以大幅度的削价,从而增加销售额,获取现金。

通过削价来拓展新市场:一种产品的潜在顾客往往由于其消费水平的限制而阻碍了其转向现实顾客的可能性。削价不会对顾客产生影响的前提下,企业可以通过削价方式来扩大市场份额。不过,为了保证这一策划的成功,有时需要与产品改进策略相配合。

排斥现有市场的边际生产者:对于某些产品来说,各个企业的生产条件、生产成本不同,最低价格也会有所差异。那些以目前价格销售产品仅能保本的企业,在别的企业主动削价以后,会因为价格的被迫降低而得不到利润,只好停止生产。这无疑有利于主动削价的企业。

企业生产能力过剩:产品供过于求,但是企业又无法通过产品改进或加强或促销等工作来扩大销售。在这种情况下,企业必须考虑削价。

成本降低,费用减少:随着科学技术的进步和企业经营管理水平的提高,许多产品的单位产品成本和费用在不断下降,使企业削价成为可能。因此,企业拥有条件适当削价。

2) 提价原因。提价确实能够增加企业利润率,但却会引起竞争力下降、消费者不满、经销商抱怨,甚至还会受到政府的干预和同行的指责,从而对企业产生不利影响。虽然如此,在实际中仍然存在着较多的提价现象。其主要原因如下。

应付产品成本增加,减少成本压力:这是所有产品价格上涨的主要原因。成本的增加或者是由于原料价格上涨,或者由于生产或管理费用提高而引起的。企业为了保证利润率不致因此而降低便采取提价策略。

适应通货膨胀,减少企业损失:在通货膨胀条件下,即使企业仍能维持原价,但随着时间的推移,其利润的实际价值也呈下降趋势。为了减少损失,企业只好提价,将通货膨胀的压力转嫁给中间商和消费者。

产品供不应求,遏制过度消费:对于某些产品来说,在需求旺盛但生产规模又不能及时扩大时出现供不应求的情况下,可以通过提价来遏制需求,同时又可以取得高额利润,在缓解市场压力、使供求趋于平衡的同时,为扩大生产准备了条件。

利用顾客心理,创造优质效应:作为一种策略,企业可以利用涨价营造名牌形象,使消费者产生价高质优的心理定势,以提高企业知名度和产品声望。对于那些革新产品、贵重商品、生产规模受到限制而难以扩大的产品,这种效应表现得尤为明显。

(2) 消费者对价格变动的反应 不同市场的消费者对价格变动的反应是不同的,即使处在同一市场的消费者对价格变动的反应也可能不同。从理论上来说,可以通过需求的价格弹性来分析消费者对价格变动的反应,弹性大表明反应强烈,弹性小表明反应微弱。但在实践中,价格弹性的统计和测定非常困难,其状况和准确度常常取决于消费者预期价格、价格原有水平、价格变化趋势、需求期限、竞争格局以及产品生命周期等多种复杂因素,并且会随着时间和地点的改变而处于不断地变化中,企业难以分析、计算和把握。消费者对价格变动的反应归纳为:

在一定范围内的价格变动是可以被消费者接受的。提价幅度超过可接受价格的上限,则会引起消费者不满,产生抵触情绪,而不愿购买企业产品;降价幅度低于下限,会导致消费者的种种疑虑,也对实际购买行为产生抑制作用。

在产品知名度因广告而提高、收入增加、通货膨胀等条件下,消费者可接受价格上限会提高;在消费者对产品质量有明确认识、收入减少、价格连续下跌等条件下,下限会降低。

消费者对某种产品削价的可能反应：产品将马上因式样陈旧、质量低劣而被淘汰；企业遇到财务困难，很快将会停产或转产；价格还要进一步下降；产品成本降低了。而对某种产品的提价则可能这样理解：很多人购买这种产品，我也赶快购买，以免价格继续上涨；提价意味着产品质量的改进；企业将高价作为一种策略，以树立名牌形象；卖主想尽量取得更多利润；各种商品价格都在上涨，提价很正常。

(3) 价格调整策略

1) 降价策略。根据以往经验，降价幅度在10%以下时，几乎收不到什么促销效果；降价幅度至少要在15%～20%以上，才会产生明显的促销效果。但降价幅度超过50%以上时，必须说明大幅度降价的充分理由，否则顾客会怀疑这是假冒伪劣商品，反而不敢购买。

一家商店少数几种商品大幅度降价，比很多种商品小幅度降价促销效果好。向消费者传递降价信息有很多种办法，把降价标签直接挂在商品上，最能吸引消费者立刻购买。因为顾客不但一眼能看到降价金额、幅度，同时能看到降价商品。两相比较权衡，立刻就能做出买不买的决定。

2) 提价策略。想靠降价来赚钱确实是不容易的事。降价的诀窍是在顾客不注意的地方降低成本，采用偷梁换柱的方法保住利润。在以前的防冻液市场，每桶9L是国内厂商通常采用的规格。在20世纪90年代末期，国内防冻液市场混乱，有许多小作坊生产的不合格产品流入市场，在此同时各个厂商之间的价格战也在进行。某品牌防冻液在这种情况下，通过在不增加成本的情况下更改包装，让防冻液的加注因为使用全新包装而变得更加简单快捷，同时每桶减少了0.5L，售价仍保持不变。而消费者对它所体现出来的便利性更为赞赏，同时包装的特殊性让该品牌的假产品基本不存在。最后该品牌以良好的品质和优异的便捷性被广大消费者认同，在混乱的市场中开辟了自己的天地。

加价与减量，看似只是一个硬币的两面，但给消费者的心理影响却有很大的不同。因为，常购买同一种商品的人，往往对价格比对数量更敏感。

(4) 商品保值率　保值率定义为贯穿一款工程机械生命周期的价值曲线。曲线的走向决定了这款工程机械在不同年限的真实价值。保值率的计算以100为基数，新工程机械保值率为100，随使用年限的增加而递减。因为一款工程机械的价值在使用3～6年区间比较稳定，因此保值率排名以车型在第四年的保值率为依据。

工程机械保值率的分布曲线，这个曲线具有这样一个特征，一个工程机械的保值率在三年到五年段是相对平滑期、相对平稳期。也就具备了这个工程机械保值率代表的时间点。在这个基础上，选择以第四年的工程机械保值率的实际值作为评测的基本的参考。在保值率的数据分布上，以100为基数。新工程机械的保值率以100为单位，随着使用年限的增长，保值率呈现递减的态势。

以上可以看出二手工程机械的保值率是消费者在购买二手工程机械的时候一个重要的参数。保值率也可以间接的反映出来这个商品占有率和商品的质量。

(5) 保值特点　工程机械保值率，在经过近两年时间的研究，得出了一个广泛认可的规律：在中国，保值率好的工程机械存在着几个比较明显的特征，主要的特征体现在：

第一，品牌的美誉度。无论是市场还是消费者，都认可工程机械的品牌与影响力。

第二，新工程机械售价的稳定性。新工程机械售价稳定性在工程机械市场这个比较景气的阶段，工程机械市场的价格波动呈现出稳定上升的态势。而在市场相对出新疲软状态下的时候，会出现价格的波动。这就对于正在使用的工程机械的价值保值状况，产生了一定的影响因素。

第三，市场占有率的高低对于工程机械保值率的影响。与汽车市场一样，市场占有率越高的工程机械，其品牌、机型的保值率越好。

第四，相关的政策法规。中国工程机械市场在很多方面、很大程度上既受到了政策的呵护和促进，同时也在某些方面受到了政策的影响。

第二节 二手工程机械商品需求心理

一、购买者的意向

一般用户在购买二手工程机械时会考虑二手设备格便宜、投资回报快、性价比高，能有效解决目前资金短缺的难题。以下几个原因是购买二手工程机械的主要考虑点。

经济实惠：买二手工程机械最大的好处就是便宜。消费者可以花比新机械少一半的钱甚至更少的钱，买到一辆同样款式的机械。花小钱，来获得同样的使用效果，当然划算，也是很多消费者买二手工程机械作为机械购买时最重要的原因。

刮碰不心疼：现在不少买机械的人都是新手，由于驾驶经验、驾驶技术不足，在使用过程中难免会刮刮碰碰，如果是新机械碰一下就得喷漆、维护，累加起来这也是不小的一笔费用。而买台二手工程机械，即使发生刮碰，这种心疼的感觉也会小很多。小刮小碰只要无伤大雅，就能将就着用，等毛病大了，给机器做一次大的翻新、美容就可以了。

保值率高：一般二手工程机械都是用了几年，再转手卖的时候，"缩水"少，保值率高。消费者买二手工程机械可以节省机械的购置税等一笔不小的开销。

选择余地大：刚刚起步创业的人如果想买台新机械，仅有的钱未必能买来合自己心意的机械。但如果转为买二手工程机械，不多的钱也可以选择不少好的机型。也就是说，相同的钱，购买二手工程机械的选择空间和余地要比新机械的选购空间大不少。

零件好配：买台新上市的工程机械，一旦出现故障，一般会出现跑了很多地方机械零配件仍难买到和维修的效果不是很好的情况，但如果买台二手工程机械，就不再用为买机械零配件难或维修而担心。因为一般的二手工程机械都是两年以前的车型，针对该车的零配、保养等机械服务行业已经非常健全和成熟，有关该机械的配件也比较充足，车主一般都不用再为买不到配件而四处奔波。

创业容易起步：因为二手工程机械的价格便宜，只要花20万～30万元就可以实现有创业梦想，这是很多年轻创业者喜欢买二手工程机械的理由。而且二手工程机械的保值率高，换新机械时钱亏得少，换新机械不心痛。

适用范围：在工程机械中，某些品牌是工程机械中的明星，有着一定的竞争力，而且这类型的机械有着较高的保值率和稳定性。一般不容易出机械事故。创业者的需求是不一样的，有的需求是性能，有的需求是经济性。针对不同的购买者有着不同的条件，在二手工程机械购买中，有着更多的选择余地，可以达到购买者的条件。

二、购买者的心理价位

购买者的心理价位决定了购买者的购买意向，通常在购买的咨询中会流露出购买者的心理价位。心理价位是消费者取决于是否购买的关键因素。购买者的心理价位也决定着购买者对品牌的要求。有的购买者的心理价位和要求是很接近的，也是容易达成协议的。有的购买者的心理价位低,要求高,既要马儿不吃草又要马儿跑得快,基本是不可能的事实。在遇到这种类型的购买者时,需要商家向购买者解释,让购买者了解到价格与价值的关系。二手工程机械的消费中,很多的人是因为便宜,但是没有考虑到二手工程机械的性能与价格关系。

三、购买者对品牌的认知

品牌认知度是品牌资产的重要组成部分,它是衡量消费者对品牌内涵及价值的认识和理解度的标准。品牌认知是公司竞争力的一种体现,有时会成为一种核心竞争力,特别是在大众消费品市场,各家竞争对手提供的产品和服务的品质差别不大,这时消费者会倾向于根据品牌的熟悉程度来决定购买行为。

购买者对品牌的认知程度也决定了购买者的购买意向,品牌也决定了一个机械的价值。品牌的认知度同时也能提升机械的价格。消费者对品牌的认知度的提高有利于产品的销售,同时消费者也能依据自己对品牌的理解来调整自己的心理价位,在购买的价位上也会做出相应的让步。

现在中国市场上的很多产品都已经处于成熟阶段,已经不再是选择谁知名度大的时候了。这个时候再做知名度宣传,就很难把自己的品牌做到被产品对应的消费群体认同的地步,因为这个时候很多产品都知名了,为什么要选择你而不选择别的呢?这个时候消费者不会根据知名不知名去做选择,而是根据对谁的产品概念更认同、对谁的品牌更有好感去进行选择。

知名度高不一定是好品牌,品牌知名和品牌好感是两回事。这种区别现在还有很多人搞不清楚,他们主要是被某些策划人员或广告公司误导了。广告公司做广告有几种创意方式,其中有一种本来是要做品牌认知,结果却创意一个品牌好感的广告,结果这个好感永远也达不到,因为产品还在成长,要先被人认识,而后才能被人了解、喜欢。在没有被人认识之前,想让人喜欢是不可能的,没有一个人会对不认识的人或品牌产生好感的。一般来说,达成认知的时间比较短,被了解的时间要比较长,所以,如果企业能被很快认知的话,其媒介发布费用就会很低。而用产生好感的广告去做认知,企业就要浪费大量资金,这样的话,广告公司就能挣到很多钱。当然,更多的情况是广告公司根本不懂怎么做,他们不知道所创意的广告到底能帮企业解决什么问题。

四、商品与客户的联系

1. 商品价格定位因素

二手工程机械不同于新工程机械,其定价也有别于新工程机械,新工程机械基本都是统一的价格,即使有所差异,也很小;但二手工程机械的价格却不是,从上海二手工程机械报价中,不难看出车型、车况、出售等,对二手工程机械的影响都是很大的。而且,在购买二手工程机械的时候,大多数时候都并非明码标价,而是通过不断的砍价来达到以一个合适的价位买到合适的二手工程机械的目的,但是砍价并非胡砍或一味压低价格,而是要抓住要害,这样才能砍好价,买好机械。

1) 看车况,抓大放小。二手工程机械肯定会有各种不同的问题,有些是小问题,比如说驾驶室上有些小磨损污渍,车漆有点小刮伤等,这些问题都不需要花多少钱就能修复解决,不必太较真。对一辆二手工程机械价格影响最大的是那些关键性的部件,比如车架、底盘、发动机、电气系统及行车系统等,这些车况都会影响到二手工程机械的定价,这才是定价的关键。

2）看车型，冷热有别。不同时期出产的不同型号，是有着不同的价格的，相对来说，畅销型号的中高端机械因为销路好，维修方便，那么定价就比较高，一般让利幅度在10%以内；而一些冷门型号，需求量小，维修成本相对来说较高，二手工程机械经销商为了尽快出手，会让利比较大，通常可以达到20%~30%。

3）看手续，一定要齐全。机械的手续是否齐全对二手工程机械的价格影响很大，手续齐全的机械肯定来源合法，并且处于合法的使用中和交易范围内，正规的二手工程机械交易要求必须有车辆的登记证书、车主身份证、购车发票、车辆购置附加费等，通过对这些机械证件和机械状况的检查，就能基本了解机械的使用状况就能保证购买者购买到的机械不会有法律隐患，可以放心使用。

2. 客户心理价位与商品的价位比较

在二手的工程机械买卖中，存在的最大消费心理是求实心理。消费者购买二手工程机械其中很大的原因是因为二手工程机械的价格较低。较低的价格有着极高的诱惑，让创业初期的人会选择购买。但是在购买时消费者往往会有一个心理价格，心理价格有的时候会与商家的定价产生较大的分歧。消费者的心理定价来源包括消费者对品牌认知度、消费者的经济能力、消费者的用途、消费者的投资回报比例等诸多的因素。但是二手工程机械的定价也有着一定的标准。二手工程机械的价格是最大的优势，但是在考虑价格的同时也应该考虑到二手机械的适用性和保值率，不能单单从价格方面来看待二手工程机械。消费者的目光是价格，而营销者的目光是销售。要想两者达成一个协议，就要找到其中的一个中间点来连接这两个目的。而其中的中间点就是产品的保值率、产品的销售状况、产品的性能等自身因素和辐射因素。

3. 同类型商品的比较

在二手工程机械中，有的机械定价较高，有的机械定价较低。即使在相同的情况下两个机器的定价也是不一定相同的。

卡特和小松一直是竞争对手。卡特在全球一直保持着领先的地位，能挑战卡特的目前有很多，但是相对出色的是小松、日立、沃尔沃等。但是这些产品中也存在差异。

卡特特点：机械匹配性好，液压系统完美，较为耐用，保值率较高，使用成本较一般，力量第一，价格市场第一。卡特缺点：油耗较大，配件昂贵，机器的维护成本高，维护是一个相对的短板。

小松特点：节油，价格稍低，在中国的售后很好。缺点：行走部分较为一般，力量稍小，稳定性稍差。

日立优点：动作灵活，比较耐用，使用成本较低，油耗较为出色，力量中上，价格比小松便宜3万~5万。日立缺点：机器故障多、两三年后问题较多。

沃尔沃特点：液压系统中下（韩国液压），动作慢，较为耐用，保值中下，使用成本一般，油耗低，力量中上，价格市场排第二、第三。

沃尔沃缺点：韩国配件很多（很多人被忽悠以为是瑞典的），使用两三年后，维修费很高，关键是配件很贵，维修较为麻烦。

经过这个比较可以看出，二手工程机械的定价也受到品牌与自身因素的影响。在同类型中选择适合消费者的才是最好的。

我国基础设施投资持续增长，带动了市场对工程机械行业的需求，因为当时工程机械行业发展相对缓慢及设计制造技术受限等原因，市场一直处于供不应求的状态。而国外市场发展比较充分，市场保有量大，存在过剩危机，为了满足我国基础设施建设的需要，开始放开二手设备的进口，由于国外工程机械产品技术相对成熟，其二手设备质量相对较高，性价比良好，受到了用户的欢迎，催生了二手工程机械市场的形成。

由于二手工程机械的平均价格仅为新机价格的30%～50%，因此，二手工程机械的进口从来没有停止过，且每年都有大幅度增长，在广东、海南、上海等口岸地区，进口和走私挖掘机几乎可以与新机抗衡。1998年，全国进口二手挖掘机总量仅为几千台，但目前全国每年入境的二手挖掘机就超过两万台，相当于国内挖掘机年销量的1/3，二手工程机械市场需求强劲，市场前景看好。

伴随着国家经济发展方式的转型，社会资源的配置将得到更合理优化，二手设备将成为未来工程机械行业新的生存和发展方式。

本章习题

1. 二手工程机械交易过程中的心理价格的影响因素有哪些？
2. 影响价格判断的因素有哪些？
3. 简述二手工程机械产品定价策略？
4. 二手工程机械价格评估标准和依据是什么？

第六章

评定估算

【学习目标】
一、学习重点
1. 掌握二手工程机械评估的基本方法。
2. 影响清算价格的主要因素。
二、学习难点
1. 重置成本法的优缺点。
2. 现行市价法的优缺点。

第一节 确定二手工程机械成新率

一、二手工程机械评估的基本方法

1. 重置成本法

（1）重置成本法的基本原理

① 重置成本法的概念。重置成本法是指在现时市场条件下重新购置一辆全新状态的被评估工程机械所需的全部成本，减去该被评估工程机械的各种陈旧贬值后的差额作为被评估工程机械现时价格的一种评估方法。其评估思路可用数学式概括为：

二手工程机械评估值＝重置成本－实体损耗－功能性贬值－经济性贬值

重置成本法既充分考虑了被评估二手工程机械的重置全价，又考虑了该二手工程机械已使用年限内的磨损以及功能性、经济性贬值，因而是一种适应性较强，并在实践中被广泛采用的基本评估方法。

② 重置成本法的基本要素。重置成本法的概念中涉及四个基本要素，即二手工程机械的重置成本、二手工程机械实体有形损耗、二手工程机械功能性贬值和二手工程机械经济性贬值。

• 二手工程机械的重置成本。二手工程机械重置成本是指在现行市场条件下重新购置一辆全新机械所支付的全部货币总额。简单地说，二手工程机械重置成本就是当前再取得该机械的成本。具体来说，重置成本又分为复原重置成本和更新重置成本两种。

复原重置成本是指用于被评估车辆相同的材料、制造标准、结构设计及技术水平等以现时市场价格重新购建与被评估工程机械相同的全新工程机械所发生的全部成本。工程机械不同于一般机器设备，它的技术性很强，又有很强的法规限制，一般用户是很难复原一辆已经停产很久的工程机械的。

更新重置成本是指利用新型材料、新技术标准和新型设计等，以现时市场价格购置具有相同或相似功能的全新工程机械所支付的全部成本。

应该注意的是,无论复原重置成本还是更新重置成本,工程机械本身的功能不变。

一般情况下,在选择重置成本时,如果同时取得复原重置成本和更新重置成本,应优先选择更新重置成本。在不存在更新重置成本时,再考虑采用复原重置成本。由此可见,重置成本法主要立足于二手工程机械的现行市价,与二手工程机械的原购置价并无多大的关系。现行市价越高,重置成本也越高。

• 二手工程机械实体有形损耗。二手工程机械实体有形损耗也称实体性贬值,是指二手工程机械在存放和使用过程中,由于物理和化学原因(如机件磨损、锈蚀和老化等)而导致的工程机械实体发生的价值损耗,即由于自然力的作用而发生的损耗。计量二手工程机械实体有形损耗时主要根据已使用年限进行分摊。

• 二手工程机械功能性贬值。二手工程机械功能性贬值是由于技术进步引起的二手工程机械功能相对落后而导致的贬值,这是无形损耗。功能性贬值可分为一次性功能贬值和营运性功能贬值。

一次性功能贬值是由于技术进步引起劳动生产率的提高,现在再生产制造与原功能相同的工程机械的社会必要劳动时间减少、成本降低而造成原工程机械的价值贬值。

营运性功能贬值是由于技术进步,出现了新的、性能更优的工程机械,致使原有工程机械的功能相对新工程机械已经落后而引起其价值贬值。具体表现为原有工程机械在完成相同工作任务的前提下,在燃料、人力、配件材料等方面的消耗增加,形成了一部分超额运营成本。

• 二手工程机械经济性贬值。二手工程机械经济性贬值是指由于外部经济环境变化所造成的工程机械贬值。它也是一种无形损耗。外部经济环境包括宏观经济政策、市场需求、通货膨胀和环境保护等。经济性贬值是由于外部环境而不是工程机械本身或内部因素所引起的达不到原有设计的获利能力而造成的贬值。外界因素对工程机械价值的影响不仅是客观存在的,而且对工程机械价值影响还相当大,所以在二手工程机械的评估中不可忽视。

③ 重置成本法应用的理论依据。任何一个精明的投资者在购买某项资产时,他所愿意支付的价格,绝不会超过现时在市场上能够购买到与该项资产具有同等效用的全新资产所需的最低成本,而不管这项资产的原拥有者当初在购买这项资产时的购置价(历史成本)是多少。这就是重置成本法的理论依据。可见重置成本是现时购买一台全新的与被评估二手工程机械相同的工程机械所支付的最低金额。

(2) 重置成本法的应用前提和适用范围　重置成本法作为一种二手工程机械评估的方法,是从能够重新取得被评估二手工程机械的角度来反映二手工程机械的交换价值的,即通过被评估二手工程机械的重置成本反映二手工程机械的交换价值。只有当被评估的二手工程机械处于继续使用状态下,再取得被评估二手工程机械的全部费用才能构成其交换价值的内容。二手工程机械继续使用包含着其使用有效性的经济意义,只有当二手工程机械能够继续使用并且在持续使用中为潜在投资者带来经济利益,二手工程机械的重置成本才能为潜在投资者和市场承认及接受。从这个意义上讲,重置成本法主要适用于继续使用前提下的二手工程机械评估。

(3) 重置成本法的优缺点

1) 重置成本法的优点:

① 比较充分地考虑了工程机械的各方面损耗,反映了工程机械市场价格的变化,评估

结果更趋于公平合理，在不易估算工程机械未来收益，或难以在市场上找到可类比对象的情况下可广泛应用。

② 可采用综合分析法确定成新率，将车况和配置以及工程机械使用情况用适当的调整系数表征出来，比较清晰地解析了工程机械残值的构成，使整个评估过程显得有理有据，有助于增强交易双方对评估结果的信任。

2）重置成本法的缺点：

① 评估工作量较大，确定成新率时主管因素影响较大。

② 对极少数的进口工程机械，不易查询到现时市场报价，一些已停产或是国内自然淘汰的车型，由于不可能查询到相同车型新车的市场报价，因此难以准确地确定出它们的重置成本或重置成本全价。

2. 收益现值法

(1) 收益现值法的基本原理

① 收益现值法的概念。收益现值法是通过估算被评估二手工程机械在剩余寿命期内的预期收益，并折现为评估基准日的现值，借此来确定二手工程机械价值的一种评估方法。也就是说，现值在这里被视为二手工程机械的评估值，而且现值的确定依赖于未来预期收益。

② 收益现值法的基本原理。收益现值法基于这样的假设，即人们之所以购买某辆二手工程机械，主要是考虑这辆机械能为自己带来一定的收益。任何一个理智的投资者在决定投资购买这辆二手工程机械时，他所愿意支付的货币金额不会高于评估时求得的该机械未来预期收益的折现值。

(2) 收益现值法的应用前提和适用范围

收益现值法的应用基于以下几个前提。

① 被评估二手工程机械必须是经营性机械，且具有继续经营和获利的能力。

② 继续经营的预期收益可以预测而且必须能够用货币金额来表示。

③ 二手工程机械购买者获得预期收益所承担的风险也可以预测，并可以用货币衡量。

④ 被评估二手工程机械预期获利年限可以预测。

由以上应用的前提条件可见，运用收益现值法进行评估时，是以工程机械投入使用后连续获利为基础的。在工程机械的交易中，人们购买的目的往往不是在于机械本身，而是工程机械获利的能力。因此，收益现值法较适用投资租赁等业务的工程机械。

(3) 收益现值法的优缺点

1）收益现值法的优点：

① 与投资决策相结合，容易被交易双方接受。

② 能真实和较准确地反映工程机械本金化的价格。

2）收益现值法的缺点：

① 预期收益额和折现率以及风险报酬率的预测难度大。

② 受主观判断和未来不可预见因素的影响较大。

3. 现行市价法

(1) 现行市价法的基本原理

① 现行市场价法的概念。现行市场价法又称市场法、市场价格比较法，是指通过比较被评估工程机械与最近售出类似工程机械的异同，并将类似工程机械的市场价格进行调整，从而确定被评估工程机械价值的一种评估方法。其基本思路是，通过市场调查，选择一个或

几个与评估工程机械相同或类似的工程机械作参考工程机械，分析参照工程机械的构造、功能、性能、新旧程度、地区差别、交易条件及成交价格等，并与被评估工程机械进行比较，找出两者的差别及其在价格上所反映的差额，经过适当调整，最终计算出被评估工程机械的价格。

现行市价法是采用比较和类比的方法，根据替代原则，从二手工程机械可能进行交易角度来判断二手工程机械价值的。

② 现行市价法的基本原理。现行市场价法是基于这样的原理：任何一个正常的投资者在购置某项资产时，他所愿意支付的价格不会高于市场上具有相同用途的替代品的现行市价。

运用现行市场价法要求充分利用类似二手工程机械成交价格信息，并以此为基础判断和估测被评估二手工程机械的价值。运用已被市场检验了的结论来评估被评估二手工程机械，显然是容易被买卖双方当事人接受的。因此，现行市场价法是二手工程机械评估中最为直接、最具说服力的评估途径之一。

用现行市价法评估二手工程机械包含了被评估二手工程机械的各种贬值因素，如有形损耗的贬值、功能性贬值和经济性贬值。因为市场价格是综合反映工程机械的各种因素的体现，由于工程机械的有形损耗及功能陈旧而造成的贬值，自然会在市场价格中有所体现。经济性贬值则是反映社会上对各类产品综合的经济性贬值的大小，突出表现为供求关系的变化对市场价格的影响，因而，用现行市价法评估不再专门计算功能性贬值和经济性贬值。

(2) 现行市价法的应用前提和适用范围

1) 现行市价法的应用前提。由于现行市价法是以同类二手工程机械销售价格相比较的方式来确定被评估二手工程机械价值的，因此，运用这一方法时一般应具备以下两个基本的前提条件。

① 要有一个市场发育成熟、交易活跃的二手工程机械交易公开市场，经常有相同或类似二手工程机械的交易，有充分的参照工程机械可取，市场成交的二手工程机械价格反映市场行情，这是应用现行市价法评估二手工程机械的关键。在二手工程机械交易市场上二手工程机械交易越频繁，与被评估相类似的二手工程机械价格越容易获得。

② 市场上参照的二手工程机械与被评估二手工程机械有可比较的指标，并且这些指标的技术参数等资料是可收集到的，并且价值影响因素明确，可以量化。

运用现行市价法，重要的是要在交易市场上能够找到与被评估二手工程机械相同或相类似的已成交过的参照工程机械，并且参照工程机械是近期的、可比较的。所谓近期，是指参照工程机械交易时间与被评估二手工程机械评估基准日相差时间相近，一般在一个季度之内；所谓可比较，是指参照工程机械在规格、型号、功能、性能、配置、内部结构、新旧程度及交易条件等方面与被评估二手工程机械不相上下。

现行市价法要求二手工程机械交易市场发育比较健全，并以能够相互比较的二手工程机械交易在同一市场或地区经常出现为前提，而目前我国各地二手工程机械交易市场完善程度、交易规模差异很大，有些地区的工程机械保有量少、车型数少，二手工程机械交易量少，寻找参照工程机械较为困难，因此，现行市价法的实际运用在我国目前的二手工程机械交易市场条件下将受到一定的限制。

2) 现行市价法的适用范围。现行市价法是从卖者的角度来考虑被评估二手工程机械的变现值的，二手工程机械评估价值的大小直接受市场的制约，因此，它特别适用于产权转让的畅销工程机械的评估，如二手工程机械收购（尤其是成批收购）和典当等业务。畅销工程机械的数据充分可靠，市场交易活跃，评估人员熟悉其市场交易情况，采用现行市价法评估二手工程机械时间会很短。

(3) 现行市价法的优缺点

1) 现行市价法的优点：

① 能够客观反映二手工程机械目前的市场情况，其评估的参数、指标，直接从市场获得，评估值能反映二手工程机械市场现实价格。

② 结果易于被交易双方理解和接受。

2) 现行市价的缺点：

① 需要公开及活跃的二手工程机械市场作为基础，然而在我国很多地方，二手工程机械市场建立时间短，发育不完全、不完善，寻找参照工程机械有一定的困难。

② 可比因素多而复杂，即使是同一个生产厂家生产的同一型号的产品，同一天登记，但可能由于由不同的车主使用，其使用强度、使用条件、维护水平的不同而带来工程机械技术状况不同，造成二手工程机械评估价值差异。

4. 清算价格法

(1) 清算价格法的基本原理

① 清算价格法的概念。清算价格法是以清算价格为依据来估算二手工程机械价格的一种方法。所谓清算价格，指企业在停业或破产后，在一定的期限内拍卖资产（如工程机械）时可得到的变现价格。

清算价格法的理论基础是清算价格标准。

② 清算价格法的基本原理。清算价格法在原理上基本与现行市价法相同，所不同的是迫于停业或破产，清算价格往往大大低于现行市场价格。这是由于企业被迫停业或破产，急于将工程机械拍卖、出售。

(2) 清算价格法的应用前提和适用范围

1) 清算价格法的应用前提。以清算价格法评估工程机械价格的前提条件有以下三点。

① 以具有法律效力的破产处理文件或抵押合同及其他有效文件为依据。

② 工程机械在市场上可以快速出售变现。

③ 所卖收入足以补偿因出售工程机械的附加支出总额。

2) 清算价格法的适用范围。清算价格法适用于企业破产、资产抵押和停业清理时要出售的工程机械。

① 企业破产。当企业或个人因经营不善造成的亏损严重，到期不能清偿债务时，企业应依法宣告破产，法院以其全部财产依法清偿其所欠的债务，不足部分不再清偿。

② 资产抵押。资产抵押是以所有者资产作为抵押物进行融资的一种经济行为，是合同当事人一方用特定的财产（如工程机械）向对方保证履行合同义务的担保形式。提供财产的一方为抵押人，接受抵押财产的一方为抵押权人。抵押人不履行合同时，抵押权人有权利将抵押财产在法律允许的范围内变卖，从变卖抵押物价款中优先受偿。

③ 停业清理。停业清理是指企业由于经营不善导致严重亏损，已临近破产的边缘或因其他原因将无法继续经营下去，为弄清企业财物现状，对全部财产进行清点、整理和核查，为经营决策（破产清算或继续经营）提供依据，以及资产损毁、报废而进行清理、拆除等的经济行为。

(3) 影响清算价格的主要因素

在二手工程机械评估中，影响清算价格的主要因素包括破产形式、债权人处置工程机械的方式、工程机械清理费用、拍卖时限、公平市价和参照工程机械价格等。

① 破产形式。如果企业丧失工程机械处置权，出售的一方无讨价还价的可能，则以买方出价决定工程机械售价；如果企业为丧失处置权，出售工程机械一方尚有讨价还价余地，则以双方议价决定售价。

② 债权人处置工程机械的方式。按抵押时的合同契约规定执行，如公开拍卖或收回。

③ 工程机械清理费用。在企业破产等情况下评估工程机械价格时，应对工程机械清理费用及其他费用给予充分的考虑。如果这些费用太高拍卖变现后所剩无几，则失去了拍卖还债的意义。

④ 拍卖时限。一般来说，规定的拍卖时限长，售价会高些；时限短，则售价会低些。这是由资产快速变现原则产生的特定买方市场所决定的。

⑤ 公平市价。公平市价是指工程机械交易成交时，使交易双方都满意的价格。在清算价格中买方满意的价格一般不易求得。

⑥ 参照工程机械价格。参照工程机械价格是指在市场上出售相同或类似工程机械的价格。一般来说，市场照工程机械价格高，工程机械出售的价格就会高，反之则低。

二、二手工程机械评估方法的选择

① 重置成本法比较充分地考虑了工程机械的各方面损耗，反映了工程机械市场价格的变化，评估结果更趋于公平合理，在不易估算工程机械未来收益，或难于在市场上找到可类比对象的情况下可广泛应用。

② 现行市价法要求评估方在当地或周边地区能找到一个发育成熟、活跃，交易量大，车型丰富，容易找到可类比的参照工程机械，并且参照工程机械是近期的、可比较的二手工程机械交易市场。因此，它特别适用于产权转让的畅销工程机械的评估，如二手工程机械收购（尤其是成批收购）和典当等业务。

③ 收益现值法是从被评估二手工程机械在剩余经济使用寿命内能够带来预期利润的前提下进行评估的，因此，比较适用于投资营运工程机械的评估。

④ 清算价格法是从工程机械资产债权人的角度出发，以工程机械快速变现为目的进行评估的，因此，适用于企业破产、资产抵押、停业清理等急于出售变现的工程机械评估，如法院、海关委托评估的涉案工程机械。

估价方法的多样性，为鉴定估价人员提供了选择评估的途径。选择估价方法时应考虑以下因素。

① 必须严格与二手工程机械评估的计价标准相适应。

② 要受收集数据和信息资料的制约。

③ 要充分考虑二手工程机械鉴定评估工作的效率，选择简单易行的方法。

鉴于上述因素的考虑，若采用现行市价法评估时，由于目前我国二手工程机械交易市场发育不完全，很难寻找到与被评估工程机械相同的工程机械、相同的使用日期、使用强度、使用条件等；采用收益现值法时，由于投资者对预期收益额预测难度大，易受较强的主观判断和未来不可预见因素的影响；采用清算价格法评估工程机械时，又受其适用条件的局限。故上述3种评估方法在二手工程机械鉴定估价中很少采用，而重置成本法，具有收集资料信息便捷、操作简单易行、评估理论强、结合对工程机械的技术鉴定而使评估结果有依有据、可信度高等优点，故成为鉴定评估中应用最广的一种评估方法。本章主要介绍运用重置成本法对二手工程机械进行估算的方法。

第二节 计算评估

一、应用重置成本法评估

1. 重置成本法的计算模型

重置成本法有以下两种基本计算模型。

模型一：评估值＝重置成本－实体性贬值－功能性贬值－经济性贬值

模型二：评估值＝重置成本×成新率

模型一是重置成本法评估二手工程机械的最基本模型。它综合考虑了二手工程机械的现行市场价格和各种影响二手工程机械价值量变化（贬值）的因素，最让人信服和易于接受。但造成这些贬值的影响因素较多，且有一定的不确定性，所以准确地确定二手工程机械的贬值是不容易的。

模型二以成新率综合考虑了各种贬值对二手工程机械价值的影响，是一种定性和定量相结合的评估方法，比较符合我国评判二手物品的四维模式，是目前市场上应用最广的一种评估方法。

2. 基于成新率的重置成本法评估计算

（1）评估计算公式　上述模型二即为基于成新率的重置成本法评估计算公式：

$$P = BC$$

式中　P——被评估二手工程机械的评估值，元；
　　　B——被评估二手工程机械的现时重置成本，元；
　　　C——被评估二手工程机械的现时成新率。

（2）重置成本的计算　在资产评估中，重置成本的估算有多种方法，对二手工程机械评估来说，计算重置成本一般采用重置核算法和物价指数法两种方法。

1）重置核算法。重置核算法是利用成本核算原理，根据重新取得一辆与二手工程机械车型和功能一样的新机械所需的费用项目，逐项计算后累加得到二手工程机械的重置成本。二手工程机械的重置成本具体由二手工程机械的现行购买价格、运杂费以及必要的税费构成。根据新机械来源方式不同，二手工程机械重置成本可分为国产工程机械和进口工程机械两种不同的构成。

① 国产二手工程机械重置成本的构成。国产二手工程机械重置成本构成的计算公式为：

$$B = B_1 + B_2$$

式中　B——二手工程机械重置成本，元；
　　　B_1——购置全新机械的市场成交价，元；
　　　B_2——机械购置价格以外国家和地方政府一次性收缴的各种税费总和，元。

各种税费包括机械购置税，不应包括机械拥有阶段及使用阶段的税费。

② 进口二手工程机械重置成本的构成。根据海关税则和收费标准，进口工程机械的重置成本（即现行价格）的税费构成为：

进口二手工程机械重置成本＝报关价＋关税＋消费税＋增值税＋其他必要费用

报关价即到岸价，又称 CIF 价格，它与离岸价 FOB 的关系为：

CIF 价格＝FOB 价格＋途中的保险费＋从装运港到目的港的运费

FOB 价格是指在国外装运港船上交货时的价格，因此也称离岸价，它不包括从装运港到目的港的运费和保险费。

由于这部分费用是以外汇支付的，所以在计算时，需要将报关价格换算成人民币，外汇汇率采用评估基准日的外汇汇率进行计算。

关税的计算方法为：

$$关税＝报关价 \times 关税税率$$

消费税的计算方法为：

$$消费税 = \frac{报关价+关税}{1-消费税率} \times 消费税率$$

增值税的计算方法为：

$$增值税＝（报关价＋关税＋消费税）\times 增值税率$$

除了上述费用之外，进口工程机械还包括通关、商检、仓储运输、银行、选装件价格、经销商、进口许可证等非关税措施造成的费用。

一般而言，工程机械重置成本大多是依靠市场调查搜集而来的，并不需要进行十分复杂的计算。但是对于市场上尚未出现的那些新工程机械（特别是进口新工程机械）或淘汰工程机械，由于其价格信息有时不容易获得，这时则需要按照其重置成本的构成进行估算。

2）物价指数法。物价指数法也叫价格指数法，是指根据已掌握历年来的价格指数，在二手工程机械原始成本的基础上，通过现时物价指数确定其重置成本。其计算公式为：

$$B = B_0 \frac{I}{I_0}$$

或

$$B = B_0(1-\lambda)$$

式中　B——工程机械重置成本，元；

　　B_0——工程机原始成本，元；

　　I——工程机械评估时物价指数；

　　I_0——工程机械当初购买时物价指数；

　　λ——工程机械价格变动指数。

当被评估工程机械已停产，或是进口工程机械，无法找到现时市场价格时，这是一种很有用的方法，但应用时必须要注意，一定要先检查被评估工程机械的账面购买原价。如果购买原价不准确，则不能用物价指数法。

工程机械价格变动指数是表示工程机械历年价格变动趋势和速度的指标。取值时要选用国家统计部门、物价管理部门或行业协会定期发布和提供的数据，不能选用无依据、不明来源的数据。

(3) 二手工程机械重置成本全价的确定　实际工作中，一般根据鉴定估价的经济行为来确定重置成本的全价，具体有以下两种处理方法。

① 对于以所有权转让为目的的二手工程机械交易经济行为，按评估基准日被评估工程机械所在地收集的现行市场成交价格作为被评估工程机械的重置成本全价，其他费用略去不计。

② 对企业产权变动的经济行为（如企业合资、合作和联营，企业分设、合并和兼并，

企业清算，企业租赁等），其重置成本全价除了考虑被评估工程机械的现行市场购置价格以外，还应将国家和地方政府规定对工程机械加收的其他税费一并计入重置成本全价中。

二、应用收益现值法评估

1. 计算模型

应用收益现值法求二手工程机械评估值的计算，实际上就是对被评估二手工程机械未来预期收益进行折现的过程。

被评估二手工程机械的评估值等于剩余寿命期内各收益期的收益折现值之和。其基本计算公式为：

$$P = \sum_{t=1}^{n} \frac{A_i}{(1-i)^t} = \frac{A_1}{(1-i)^1} + \frac{A_2}{(1-i)^2} + + \frac{A_n}{(1-i)^n}$$

式中　P——评估值，元；

　　　A_n——未来第 n 个收益期的预期收益额，元；

　　　n——收益年期（即二手工程机械剩余使用寿命的年限）；

　　　i——折现率，在经济分析中如果不作其他说明，一般指年利率或收益率；

　　　t——收益期，一般以年计。

由于二手工程机械的收益是有限的，所以上式中的 A_n 还包括收益期末工程机械的残值，一般估算时忽略不计。

当 $A_1 = A_2 = \cdots = A_n = A$ 时，即 t 在 $1-n$ 年未来收益都相同为 A 时，则有：

$$P = A\left[\frac{A_1}{(1-i)^1} + \frac{A_2}{(1-i)^2} + \cdots + \frac{A_n}{(1-i)^n}\right] = A\frac{(1+i)^n - 1}{i(1+i)^n}$$

式中　$\dfrac{1}{(1-i)^t}$——第 t 个收益年期的现值系数；

　　　$\dfrac{(1+i)^n - 1}{i\ (1+i)^n}$——年金现值系数。

上式反映了收益率为 i，二手工程机械预期在 n 年的收益期内每年的收益为 A 元，几年累计收益额"等值于"现值 P 元，那么，现在可接受的最大投资额应为 P 元。

2. 收益现值法各评估参数的确定

（1）收益年期 n 的确定　收益年期（即二手工程机械剩余使用寿命的年限）指从评估基准日到二手工程机械报废的年限。如果剩余使用寿命期估算得过长，则计算的收益期就多，工程机械的评估价格就高；反之，则会低估价格。因此，必须根据二手工程机械的实际状况对其收益年期作出正确的评定。

（2）预期收益额 A_t 的确定　运用收益现值法时，未来每年收益额的确定是关键。预期收益额是指被评估二手工程机械在其剩余使用寿命期内的使用过程中，可能带来的年纯收益额。确定工程机械预期收益额时应注意以下两点。

① 预期收益额是通过预测分析获得的。对于买卖双方来说，判断工程机械是否有价值，应判断该工程机械是否能带来收益。对工程机械收益能力的判断，不仅要看现在的情形，更重要的是关注未来的经营风险。

② 收益额的构成。以企业为例，目前有几种观点：第一，企业税后利润；第二，企业税后利润与提取折旧额之和扣除投资额；第三，利润总额。在二手工程机械评估业务中建议选择第一种观点，目的是准确反映预期收益额。其计算公式为：

$$收益额 = 税前收入 - 应交所得税 = 税前收入 \times (1 - 所得税率)$$
$$税前收入 = 一年的毛收入 - 工程机械使用的各种税费和人员劳务费等$$

(3) 折现率 i 的确定　折现率是指将未来预期收益额折算成现值的比率。从本质上讲，折现率是一种期望投资报酬率，是投资者在投资风险一定的情况下，对投资所期望的回报率。折现率由无风险报酬率和风险报酬率两部分组成，即

$$折现率(i) = 无风险报酬率 + 风险报酬率$$

无风险报酬率一般是指同期国库券利率，它实际上是一种无风险收益率。风险报酬率是指超过无风险收益率以上部分的投资回报率。在资产评估中，因资产的行业分布、种类、市场条件等的不同，其折现率亦不相同。因此，在利用收益法对二手工程机械鉴定评估选择折现率时，应该进行本企业、本行业历年收益率指标的对比分析，以尽可能准确地估测二手工程机械的折现率。但是，最后确定的折现率应该起码不低于国家债券或银行存款的利率。

三、应用现行市价法评估

运用现行市价法评估二手工程机械价值通常采用直接市价法和类比调整市价法。

1. 直接市价法

直接市价法是指在市场上能找到与被评估二手工程机械完全相同的工程机械的现行市价，并依其价格直接作为被评估二手工程机械评估价格的一种方法。直接市价法应用有以下两种情况。

① 参照工程机械与被评估二手工程机械完全相同。所谓完全相同，是指机械型号、使用条件和技术状况相同，生产和交易时间相近。这样的参照机械常见于市场保有量大、交易比较频繁的畅销车型。

② 参照工程机械与被评估二手工程机械相近。这种情况是参照工程机械与被评估工程机械类别相同、主参数相同、结构性能相同，只是生产序号不同并只作局部改动，交易时间相近的工程机械，也可近似等同作为评估过程中的参照工程机械。

直接市价法评估公式为：

$$P = P'$$

式中　P——评估值，元；

P'——参照工程机械的市场成交价格，元。

2. 类比调整市价法

(1) 计算模型　类比调整市价法是指评估二手工程机械时，在公开市场上找不到与之完全相同的工程机械，但能找到与之相类似的工程机械，以此为参照机械，并根据工程机械技术状况和交易条件的差异对参照工程机械的价格作出相应调整，进而确定被评估二手工程机械价格的一种评估方法。其基本计算公式为：

$$P = P'K$$

式中　P——评估值，元；

P'——参照工程机械的市场成交价格，元；

K——差异调整系数。

类比调整市价法不像直接市价法对参照工程机械的条件要求那么严，只要求参照工程机械与被评估二手工程机械大的方面相同即可。

(2) 评估步骤　现行市价法评估二手工程机械的步骤如下。

1) 收集被评估二手工程机械资料。收集被评估二手工程机械的相关资料,内容包括工程机械的类别名称、机械型号和技术性能参数、生产厂家和出厂年月、机械用途、目前使用情况和实际技术状况、尚可使用的年限等,为市场数据资料的搜集及参照物的选择提供依据。

2) 选取参照工程机械。根据了解到的被评估二手工程机械资料,按照可比性原则,从二手工程机械交易市场上寻找可类比的参照机械,参照工程机械的选择应在两辆以上。工程机械的可比因素主要包括以下几个方面。

① 工程机械型号和生产厂家。

② 工程机械用途。

③ 工程机械使用年限和行驶里程。

④ 工程机械实际技术性能和技术状况。

⑤ 工程机械所处地区。由于地区经济发展的不平衡,收入水平存在差别,在不同地区的二手工程机械交易市场,同样机械的价格会有较大的差别。

⑥ 市场状况。指的是二手工程机械交易市场处于低迷还是复苏、繁荣,车源丰富还是匮乏,车型涵盖面如何,交易量如何,新车价格趋势如何等。

⑦ 交易动机和目的。指工程机械出售是以清偿还是以淘汰转让为目的,买方是获利转手倒卖或是购买自用。不同情况下的交易作价往往有较大的差别。

⑧ 成交数量。单辆与成批工程机械交易的价格会有一定差别。

⑨ 成交时间。应采用近期成交的工程机械作类比对象。由于国家经济、金融和交通政策以及市场供求关系会随时发生一些变化,市场行情也会随之变化,从而引起二手工程机械价格的波动。

3) 类比和调整。对被评估二手工程机械和参照工程机械之间的差异进行分析、比较,并进行适当的量化后调整可比因素。主要差异及量化方法体现在以下方面。

① 结构性能的差异及量化。工程机械型号、结构上的差别都会集中反映到机械的功能和性能的差别上,功能和性能的差异可通过功能、性能对工程机械价格的影响进行估算(量化调整值=结构性能差异值×成新率)。例如,同类型的汽油车,电喷发动机相对于化油器发动机要贵 3000~5000 元;对租赁工程机械而言,主要表现为生产能力、生产效率和运营成本等方面的差异,可利用收益现值法对其进行量化调整。

② 销售时间的差异与量化。在选择参照工程机械时,应尽可能选择评估基准日的成交案例,以免去销售时间差异的量化;若参照工程机械的交易时间在评估基准日之前,可采用价格指数法将销售时间差异量化并调整。

③ 新旧程度的差异及量化。被评估二手工程机械与参照工程机械在新旧程度上存在一定的差异,要求评估人员能够对二者作出基本判断,取得被评估二手工程机械和参照工程机械成新率后,以参照工程机械的价格乘以被评估二手工程机械与参照工程机械成新率之差,即可得到两者新旧程度的差异量[新旧程度差异量=参照工程机械价格×(被评估二手工程机械成新率-参照工程机械成新率)]。

④ 销售数量的差异及量化。销售数量的大小、采用何种付款方式均会对二手工程机械成交单价产生影响,对这两个因素在被评估二手工程机械与参照工程机械之间的差异,应首先了解清楚,然后根据具体情况作出必要的调整。一般来讲,卖主充分考虑货币的时间价值,会以较低的单价吸引购买者(常为经纪人)多买,尽管价格比零售价格低,但可提前收

到货款。当被评估二手工程机械是成批量交易时,以单辆工程机械作为参照工程机械是不合适的;而当被评估二手工程机械只有一辆时,以成批工程机械作为参照工程机械也不合适。销售数量的不同会造成成交价格的差异,必须对此差异进行分析,适当调整被评估二手工程机械的价值。

⑤ 付款方式的差异及量化。在二手工程机械交易中,绝大多数为现款交易,在一些经济较活跃的地区已出现二手工程机械的银行按揭销售。银行按揭的二手工程机械与一次性付款的二手工程机械价格差异由两部分组成:一是银行的贷款利息,贷款利息按贷款年限确定;二是工程机械按揭保险费,各保险公司的工程机械按揭保险费率不完全相同,会有一些差异。

4) 计算评估值。将各可比因素差异的调整值以适当的方式加以汇总,并据此对参照工程机械的成交市价进行调整,从而确定被评估二手工程机械的评估价格。

四、应用清算价格法评估

目前,对于清算价格的确定方法,从理论上还难以找到十分有效的依据,但在实践上仍有一些方法可以采用,主要方法有如下三种。

1. 评估价格折扣法

首先,根据被评估二手工程机械的具体情况及所获得的资料,选择重置成本法、收益现值法及现行市价法中的一种方法确定被评估二手工程机械的价格;然后,根据市场调查和快速变现原则,确定一个合适的折扣率。用评估价格乘以折扣率,所得结果即为被评估二手工程机械的清算价格。

2. 模拟拍卖法

模拟拍卖法,也称意向询价法。这种方法是根据向被评估二手工程机械的潜在购买者询价的办法取得市场信息,最后经评估人员分析确定其清算价格的一种方法。用这种方法确定的清算价格受供需关系影响很大,要充分考虑其影响的程度。例如,有 8t 自卸车 1 台,拟评估其拍卖清算价格,评估人员经过对两家运输公司、三个个体运输户征询意向价格,其报价分别为 7 万元、8.3 万元、7.8 万元、8 万元和 7.5 万元,平均价为 7.2 万元。考虑目前各种因素,评估人员确定清算价格为 7.5 万元。

3. 竞价法

竞价法是由法院按照破产清算的法定程序或由卖方根据评估结果提出一个拍卖的底价,在公开市场上由买方竞争出价,谁出的价格高就卖给谁。

■ 本章习题

1. 简述二手工程机械评估的基本方法?
2. 影响清算价格的主要因素有哪些?
3. 简述现行市价法的优缺点。
4. 工程机械的可比因素主要包括哪几个方面?

第七章

撰写评估报告

【学习目标】
一、学习重点
1. 撰写评估报告。
2. 二手工程机械评估报告书主要包括内容。
二、学习难点
1. 影响工程机械融资租赁的因素。
2. 鉴定评估报告书对鉴定评估机构的作用。

第一节 评估报告书

一、项目分析

二手工程机械鉴定评估报告是指二手工程机械鉴定评估机构按照评估工作制度有关规定，在完成鉴定评估工作后向委托方和有关方面提交的说明二手工程机械鉴定评估过程和结果的书面报告。它是按照一定格式和内容来反映评估目的、程序、依据、方法、结果等基本情况的报告书。广义的鉴定评估报告还是一种工作制度。它规定评估机构在完成二手工程机械鉴定评估工作之后必须按照一定的程序和要求，用书面形式向委托方报告鉴定评估过程和结果。狭义的鉴定评估报告即鉴定评估结果报告书，既是二手工程机械鉴定评估机构完成对二手工程机械作价意见，提交给委托方的公正性的报告，也是二手工程机械鉴定评估机构履行评估合同情况的总结，还是二手工程机械鉴定评估机构为其所完成的鉴定评估结论承担相应法律责任的证明文件。

二、相关知识

(一) 二手工程机械鉴定评估报告书的作用

二手工程机械鉴定评估报告书不仅是一份评估工作的总结，而且是其价格的公正性文件和二手工程机械交易双方认定二手工程机械价格的依据。

1. 二手工程机械鉴定评估报告书对委托方的作用

① 作为产权交易变动的作价依据。二手工程机械鉴定评估报告书是经具有机动车鉴定评估资格的机构根据被委托鉴定评估工程机械的状况，由专业的二手工程机械鉴定评估师，遵循评估的原则和标准，按照法定的程序，运用科学的方法对被委托评估的工程机械价值进行评定和估算后，通过报告书的形式提出的作价意见。该作价意见不代表当事人一方的利益，是一种专家估价的意见，因而具有较强的公正性和科学性，可以作为二手工程机械买卖交易谈判底价的参考依据，或作为投资比例出资价格的证明材料，特别是对涉及国有资产的

二手工程机械给出客观公正的作价，可以有效地防止国有资产的流失，确保国有资产价格的客观、公正、真实。

② 作为法庭辩论和裁决时确认财产价格的举证材料。

③ 作为支付评估费用的依据。当委托方（客户）收到评估资料及报告后没有提出异议，也就是说评估的资料及结果符合委托书的条款，委托方应以此为前提和依据向受托方（评估机构）付费。

④ 二手工程机械鉴定评估报告书是反映和体现评估工作情况，明确委托方、受托方及有关方面责任的根据。二手工程机械鉴定评估报告书采用文字的形式，对委托方进行二手工程机械评估的目的、背景、产权、依据、程序、方法等过程和评定的结果进行说明和总结，体现了评估机构的工作成果；同时，也反映和体现了二手工程机械鉴定评估与鉴定评估人员的权利和义务，并以此来明确稳妥方和受托方的法律责任。撰写评估结果报告书还行使了二手工程机械鉴定评估人员在评估报告书上签字的权利。

2. 二手工程机械鉴定评估报告书对鉴定评估机构的作用

① 二手工程机械鉴定评估报告书是评估机构评估成果的体现，是一种动态管理的信息资料，体现了评估机构的工作情况和工作质量。

② 二手工程机械鉴定评估报告书是建立评估档案，归集评估档案资料的重要信息来源。

（二）撰写二手工程机械鉴定评估报告的基本要求

国家国有资产管理局发布了《关于资产评估报告书的规范意见》，对资产评估报告书的撰写提出了比较系统的规范要求，结合二手工程机械鉴定估价的实际情况，主要要求如下。

① 鉴定估价报告必须依照客观、公正、实事求是的原则由二手工程机械鉴定评估机构独立撰写，如实反映鉴定估价的工作情况。

② 鉴定估价报告应有委托单位（或个人）的名称、二手工程机械鉴定评估机构的名称和印章，二手工程机械鉴定评估机构法人代表或其委托人和二手工程机械鉴定估价师的签字，以及提供报告的日期。

③ 鉴定估价报告要写明评估基准日，并且不得随意更改。所有的估价中采用的税率、费率、利率和其他价格标准，均应采用基准日的标准。

④ 鉴定估价报告中应写明估价的目的、范围、二手工程机械的状态和产权归属。

⑤ 鉴定估价报告应说明估价工作遵循的原则和依据的法律法规，简述鉴定估价过程，写明评估的方法。

⑥ 鉴定估价报告应有明确的鉴定估算价值的结果，鉴定结果应有二手工程机械的成新率，应有二手工程机械原值、重置价值、评估价值等。

⑦ 鉴定估价报告还应有齐全的附件。

（三）二手工程机械评估报告书的基本内容

二手工程机械评估报告书主要包括以下内容。

1. 封面

二手工程机械鉴定评估报告书的封面须包含下列内容：二手工程机械鉴定评估报告书名称、鉴定评估机构出具鉴定评估报告的编号、二手工程机械鉴定评估机构全称和鉴定评估报告提交日期等。有服务商标的，评估机构可以在报告封面载明其图形标志。

2. 首部

鉴定评估报告书正文的首部应包括标题和报告书序号。

(1) 标题

标题应简练清晰,含有"××××(评估项目名称)鉴定评估报告书"字样,位置居中偏上。

(2) 报告书序号

报告书序号应符合公文的要求,包括评估机构特征字、公文种类特征字(例如:评报、评咨和评函,评估报告书正式报告应用"评报",评估报告书预报应用"评预报")、年份、文件序号,例如:××评报字(2010)第10号。

3. 绪言

写明该评估报告委托方全称、受委托评估事项及评估工作整体情况,一般应采用包含下列内容的表达格式。

"××(鉴定评估机构)接受××××的委托,根据国家有关资产评估的规定,本着客观、独立、公正、科学的原则,按照公认的资产评估方法,对××××(工程机械)进行了鉴定评估。本机构鉴定评估人员按照必要的程序,对委托鉴定评估机械进行了实地查勘与市场调查,对其在××××年××月××日所表现的市场价值作出了公允反映。现将工程机械评估情况及鉴定评估报告如下"。

4. 委托方与机械所有方简介

① 应写明委托方、委托方联系人的名称、联系电话及住址。

② 应写明车主的名称。

5. 鉴定评估目的

应写明本次鉴定评估是为了委托方的和中需要,及其所对应的经济行为类型。例如,根据委托方的要求、本项目评估目的(在 [ ] 处填√):

[ ] 交易　　[ ] 转籍　　[ ] 拍卖　　[ ] 置换　　[ ] 抵押　　[ ] 担保　　[ ] 咨询　　[ ] 司法裁决

6. 鉴定评估对象

需简要写明纳入评估范围工程机械的型号、发动机号、识别代码/车架号、注册登记日期、购置税政号码、车船使用税缴纳有效期。

7. 鉴定评估基准日

写明工程机械鉴定评估基准日的具体日期,式样如下。

鉴定评估基准日:××××年××月××日。

8. 评估原则

严格遵循"客观性、独立性、公正性、科学性"原则。

9. 评估依据

评估依据一般包括行为依据、法律法规依据、产权依据和评定及取价依据等。对评估中所采用的特殊依据也应在本家内容中披露。

(1) 行为依据

行为依据主要是指二手工程机械鉴定评估委托书、法院的委托书等经济行为文件,如"二手工程机械鉴定评估委托书第10号"。

(2) 法律、法规依据

法律、法规依据应包括工程机械鉴定评估的有关条款、文件及涉及工程机械评估的有关法律、法规等。

(3) 产权依据

产权依据是指被评估工程机械的等级证书或其他能够证明工程机械产权的文件等。

(4) 评定及取价依据

评定及取价依据应为鉴定评估机构收集的国家有关部门发布的统计资料和技术标准资料，以及评估机构收集的有关询价资料和参数资料等，例如以下一些资料。

① 技术标准资料：《最新资产评估常用数据与参数手册》。

② 技术参数资料：被评估二手工程机械的技术参数表。

③ 技术鉴定资料：工程机械检测报告单。

④ 其他资料：现场工作底稿、市场询价资料等。

10. 评估方法及计算过程

简要说明评估人员在评估过程中所选择并使用的评估方法；简要说明选择评估方法的依据或原因；如评估时采用一种以上的评估方法，应适当说明原因并说明该资产评估价值确定方法；对于所选择的特殊评估方法，应适当介绍其原理与适用范围；简要说明各种评估方法计算的主要步骤等。

11. 评估过程

评估过程应反映二手工程机械鉴定评估机构自接受评估委托起至提交评估报告的工作过程，包括接受委托、验证、现场查勘、市场调查与询证、评定估算和提交报告等过程。

12. 评估结论

给出被评估工程机械的评估价格、金额（小写、大写）。

13. 特别事项说明

评估报告中陈述的特别事项是指在已确定评估结果的前提下，评估人员揭示在评估过程中已发现可能影响评估结论，但非评估人员执业水平和能力所能评定估算的有关事项；揭示评估报告使用者应注意特别事项对评估结论的影响；揭示鉴定评估人员认为需要说明的其他问题。

14. 评估报告法律效力

揭示评估报告的有效日期；特别提示评估基准日的期后事项对评估结论的影响以及评估报告的使用范围等。常见写法如下。

① 本项评估结论有效期为90天，自评估基准日至××××年××月××日止。

② 当评估目的在有效期内实现时，本评估结果可以作为作价参考依据；超过90天，需重新评估。另外在评估有效期内若被评估工程机械的市场价格或因交通事故等原因导致工程机械的价值发生变化，对工程机械评估结果产生明显影响时，委托方也需重新委托评估机构重新评估。

③ 鉴定评估报告书的使用权归委托方所有，其评估结论仅供委托方为本项目评估目的使用和送交二手工程鉴定评估主管机关审查使用，不适用于其他目的；因使用本报告书不当而产生的任何后果与签署本报告书的鉴定估价师无关；未经委托方许可，本鉴定评估机构承诺不将本报告书的内容向他人提供或公开。

15. 鉴定评估报告提出日期

写明评估报告提交委托方的具体时间。评估报告原则上应在确定的评估基准日后1周内提出。

16. 附件

附件应包括：二手工程机械鉴定评估委托书、二手工程机械鉴定评估作业表、车辆购置税、机械登记证书复印件、二手工程机械鉴定评估师资格证书影印件、鉴定评估机构营业执照影印件、鉴定评估机构资质影印件和二手工程机械照片等。

17. 尾部

写明出具评估报告的评估机构名称，并盖章；写明评估机构法定代表人姓名并签字；注册旧机械鉴定评估师盖章并签名；高级注册旧机械鉴定评估师审核签章以及报告日期。

第二节 编制二手工程机械鉴定评估报告书的步骤及注意事项

一、编制二手工程机械鉴定评估报告书的步骤

编制二手工程机械鉴定评估报告书是完成评估工作的最后一道工序，也是评估工作中的一个很重要的环节。评估人员通过评估报告不仅要真实准确地反映评估工作情况，而且表明评估者在今后一段时期里对评估的结果和有关的全部附件资料承担相应的法律责任。二手工程机械鉴定评估报告是记述鉴定评估成果的文件，是鉴定评估机构向委托方和二手工程机械鉴定评估管理部门提交的主要成果。鉴定评估报告的质量高低，不仅反映鉴定评估人员的水平，而且直接关系到有关各方的利益。这就要求评估人员编制的报告要思路清晰、文字简练准确、格式规范、有关取证与调查材料和数据真实可靠。为了达到这些要求，评估人员应按下列步骤进行评估报告的贬值。

（1）评估资料的分类整理

被评估二手工程机械的有关背景资料、技术鉴定情况资料及其他可供参考的数据记录等评估资料是编制二手工程机械鉴定评估报告的基础。一个较复杂的评估项目是由两个或两个以上评估人员合作完成的，将评估资料进行分类整理，包括评估鉴定作业表的审核、评估依据的说明和最后形成评估的文字材料。

（2）鉴定评估资料的分析讨论

在整理资料工作完成后，应召集参与评估工作过程的有关人员，对评估的情况和初步结论进行分析讨论。如果发现其中提法不妥、计算错误、作价不合理等方面的问题，要求进行必要的调整。若采用两种不同方法评估并得出两个不同结论的，需要在充分讨论的基础上得出一个正确的结论。

（3）鉴定评估报告书的撰写

评估报告的负责人应根据评估资料讨论后的修改意见，进行资料的汇总编排和评估报告书的撰写工作；然后将二手工程机械鉴定评估的基本情况和评估报告书初稿得到的初步结论与委托方交换意见，听取委托方的反馈意见后，在坚持客观、公正、科学、可行的前提下，认真分析委托方提出的问题和意见，考虑是否应该修改评估报告书，对报告书中存在的疏忽、遗漏和错误之处进行修正，待修正完毕即可撰写出正式的二手工程机械鉴定评估报告书。

（4）评估报告的审核

评估报告先由项目负责人审核，再报评估机构经理审核签发，同时要求二手工程机械鉴定评估人员签字并加盖评估机构公章。送达客户签收，必须要求客户在收到评估书后，按送达回证上的要求认真填写并要求收件人签字确认。

二、编制二手工程机械鉴定评估报告书时应注意的事项

编制二手工程机械鉴定评估报告书时应注意以下事项。

① 实事求是,切忌出具虚假报告。报告书必须建立在真实、客观的基础上,不能脱离实际情况,更不能无中生有。报告拟定人应是参与鉴定评估并全面了解被评估工程机械的主要鉴定评估人员。

② 坚持一致性做法,切忌表里不一。报告书文字、内容要前后一致,正文、评估说明、作业表、鉴定工作底稿、格式甚至数据要相互一致,不能出现相互矛盾的不一致情况。

③ 提交报告书要及时、齐全和保密。在正式完成二手工程机械鉴定评估报告工作后,应按业务约定书的约定时间及时将报告书送交委托方。送交报告书时,报告书及有关文件要送交齐全。

本章习题

1. 撰写评估报告有哪些步骤?
2. 影响工程机械融资租赁的因素有哪些?
3. 鉴定评估报告书对鉴定评估机构的作用有哪些?
4. 编制二手工程机械鉴定评估报告书注意的事项有哪些?

第八章

二手工程机械融资租赁

【学习目标】
一、学习重点
1. 融资租赁的条件。
2. 融资租赁特点。
二、学习难点
1. 融资租赁宏观经济作用。
2. 企业融资形式及特点。

第一节 现代融资租赁介绍

一、融资租赁概述

租赁是以收取租金为对价而让渡对有体物的占有权、使用权和收益权的一种交易。从物的使用者的角度说,本质是"出代价用别人的东西";从物的所有者的角度说,则是"出租"。

租赁与买卖的区别在于让渡的权利不同。从内容看,租赁交易与一般的商品买卖交易都是让渡一定的权利。但是,租赁只让渡标的物的占有权、使用权和收益权,而买卖则让渡标的物的包括处分权在内的完整的所有权,既包括占有权、使用权和收益权,还包括处分权。正因如此,适合买卖交易标的物的类别范围,远远大于适合租赁标的物的类别范围。例如,水泥可以买卖,却不能租赁;股票也可以买卖,却也不能租赁。

融资租赁(Financial Leasing)又称设备租赁(Equipment Leasing)或现代租赁(Modern Leasing),是指实质上转移与资产所有权有关的全部或绝大部分风险和报酬的租赁。通俗来说,融资租赁相当于"借鸡下蛋、卖蛋买鸡",也就是出租人根据承租人的要求向供货方购买租赁物件,承租人通过分期付款支付租金,租赁结束后将所有权转移给承租人,被称为"第二大金融工具"。

英国设备租赁协会强调融资租赁的定义要有以下特征:由承租人而不是出租人从供货厂商或经销商那里选择设备,出租人保留设备的所有权,永不变为承租人的资产;承租人在按期支付租金并履行各项条款的情况下,在租期内享受独有使用设备的权利。

有数据显示,英美等国的新旧工程机械销售额中,65%以上是以租赁方式实现的,而我国设备投资中采用租赁形式的比重只有2%左右,每年的融资额不到美国的1%、日本的2%、韩国的10%。

虽然近两年来,融资租赁正逐步走入工程机械行业中,渐渐被大家所了解;但总体说来,融资租赁在中国工程机械行业市场的发展还远未饱和,市场发展前景很大。

在融资租赁形式中，出租人为承租购买设备所垫付的资金，要从选定设备的承租人那里通过租金的方式全部收回。不仅如此，承租人所支付的租金不仅包括了相当于本金性质的出租人的垫付资金，还有包括出租人垫付资金所应该承担的融资成本和费用成本，以及出租人应该获得的合理的投资回报，这也就是完全补偿的具体体现，又称为净租赁。

在融资租赁交易中，租赁标的、租赁关系的当事人、租金、租期等是主要构成要素。

二、融资租赁的条件

商业银行在办理融资租赁时，应对租赁项目进行认真的审查。只有符合条件的项目，商业银行才会提供融资租赁服务。一般说来，融资租赁项目应具有如下条件：

1. 有较高的经济效益

讲求经济效益是经济实体经营的核心和目的。为企业增加固定资产、采用先进技术设备，促进提高生产能力和租赁业务，也必然要以项目具有较高的经济效益为其重要条件。这是因为，从出租人的角度看，项目效益的高低，直接影响着租期的确定和能否按期收回租金。在通常情况下，租期应该依据租赁设备的经济寿命和加速折旧的比例确定。但目前承租人为提高资金营运效率，一般都把租期掌握在 3 年左右。这样，如果承租企业以租赁项目实现的利润支付租金，那就要求租赁项目必须获得 30% 以上的投资利润率，才有可能在 3 年左右收回租金投资。这对租赁项目经济效益的要求显然是很高的。就是说，没有很高的经济效益，就不可能按期收回租金。

2. 有必要的经济担保

为了保证租赁合同的顺利履行，并保证出租人租赁资金的安全，在申请租赁时，商业银行要求承租人提供必要的经济担保。承租人提供经济担保一般采取租金担保函的形式，即担保人必须是具有法律上认可的有债务担保资格和能力的经济实体。承租人也可采取以有价证券和动产、不动产作抵押品的担保形式。

3. 租赁项目的审查

为了保证商业银行资金的安全和盈利，出租人在办理租赁业务时，应对照租赁条件，对项目的有关情况进行认真审查。

1) 审查企业的资信管理能力。通过企业的开户银行了解企业的信用等级和支付能力，以往履约情况等，并通过分析企业财务报表，了解其盈亏情况。

2) 审查企业的经营管理能力。银行应通过对企业近期的经营状况和产供销各环节的运行情况，进行综合分析审查。

3) 审查租赁项目的资金来源。在项目的资金来源中，包括企业自筹、其他金融机构融资等。这些资金来源是否落实，对项目进度和还款都有很大影响，因此应一一核实。

4) 审查投资概算。应该首先从概算的设计开始，了解确定概算标准的依据。其中，对设备的预订价格及近年来设备价格变动情况，以及土建工程的造价等应进行严格审查。为防止超支和挤占资金，还须审查扩建厂房面积和设计生产能力是否相符。

5) 审查产品销路。应通过多方面信息了解同类产品的国内外的销售情况。

三、融资租赁特点

第一，先由银行出资购买机器设备（或先由承租人与出售厂商谈妥签订合同转交银行出资购买），然后交给承租人使用。因为是由银行垫付全部资金，相当于银行贷款，故称金融租赁。

第二，银行与承租人的合同一旦签订，就不可解约（当设备被证明已丧失使用效力的情况除外），并且合同签约期限基本上与设备耐用年限相同，一般设备3～5年期限，大型设备可至10年以上。

第三，承租人按合同分期向银行缴纳租金。租赁期间，由承租人负责设备的安装、保养、维修、保险、纳税。租金包括成本、利息、手续费，并保证银行有一定盈利，故在美国被称为"完全付清"的租赁。

第四，合同期满后，设备的处理一般有三种方法：一是退还给银行（出租机构）；二是另订合同续租；三是留购，即承租人以很少的"商定价格"将设备买下。我国目前采用留购方式的较多。

四、融资租赁类型

1）自费租赁。这是融资性租赁业务中比较普遍的一种形式。银行应租用企业的要求，购进企业选择的设备，签订租赁合同，租给承租企业使用，即为自费租赁。

2）合资租赁。这是由银行和设备生产企业，或银行与其他出租人商定，共同出资办理租赁项目。经出租人代表（可以是合资的一方）办理具体租赁手续，负责监督承租人按期交付租金，并按商定金额定期给参加出租各方划出其应得租金。

3）委托租赁。委托租赁是指有多余、闲置设备的单位（出租人）委托银行代为寻找承租人进行租赁的形式。

4）转租赁。转租赁是银行同时兼备承租人和出租人双重身份的一种租赁形式。当承租人向银行提出申请时，银行由于资金不足等原因，可先作为承租人向国内外商业银行或厂家租进用户所需的设备，然后再转租给承租人使用。转租赁实际上是为一个项目作两笔业务，签订两个租赁合同，分别建立租赁关系。其租金一般比自费租赁要高。银行作为承租人向出租公司（或厂家）支付租金，又以出租人身份向用户（最初申请的承租人）收回租金。两次租金的金额有一定联系，但不完全相同。转租期与租入期也不完全一致。在这种情况下，设备的所有者与使用者之间没有直接的经济或法律关系。

5）回租租赁。当企业急需筹措资金用于新的设备投资时，可以先将自己拥有的设备按现值（净值）卖给银行，再作为承租人向银行租回原设备继续使用，以取得资金另添设备。回租租赁是一种紧急融资的方式。作为租赁物体的设备就是企业的在用设备，增加运作资金，使企业固定资产流动化，可以提高资金利用率。

6）杠杆租赁。这是融资租赁的一种特殊形式，又称平稳租赁。这种方式往往是当银行（出租公司）不能单独承担资金密集型项目（如飞机、船舶、勘探和开采设备等）的巨款投资时，以待购设备作为贷款的抵押，以转让收取租赁费的权利作为贷款的偿还保证，从其他银行（出租人）自筹解决20%～40%。这种业务在法律上至少要涉及三方面的关系人，即出租人、承租人、贷款人，有的还涉及其他人，手续比较复杂、繁琐。出租人购进设备后，租给承租人使用，以租金偿还贷款。银行办理杠杆租赁，尽管其投资仅是成本费的20%～40%，但由于其拥有出租设备的法律与经济主权，它就可以按规定享有设备成本费100%的关税优惠，这不仅可以扩大他的投资能力，而且可以取得较高的投资报酬。出租人可以把这些优惠的好处，通过降低租金，间接地转移给承租人，因而杠杆租赁的租赁费也较低。

五、融资租赁宏观经济作用

融资租赁在宏观经济领域发挥着重要作用：

1. 促进产业结构调整

传统产业构成了国民经济的主要部分，传统产业的技术升级是实现国民经济产业结构调整的根本所在。目前，我国传统企业的技术改造主要采取局部装备更新的方式，这非常适于对融资租赁的运用。租赁机构集融资、贸易于一体，能通过它们熟悉的商业渠道为企业及时购进价格合理的先进设备，而且当传统产业的地区分布不平衡时，融资租赁还可以将较发达地区闲置或淘汰的设备移入较不发达地区，实现较不发达地区产业结构的合理调整，节约全社会的投资成本，实现资源的最佳利用。

具体调整过程是：在一定发展时期某一行业或企业设备的多少、优劣能反映出投入到该行业或企业的资金和技术状况，对其投入多，发展的后劲就大。融资租赁的介入恰恰能使企业花很少的钱就能用上先进的设备，对市场效率、生产效率都会产生影响。通过这种设备投入既支持了某行业的发展，又强化了其在经济发展中的地位，进而推动了产业结构的调整及合理构建。而且，随着融资租赁规模的增加，其对产业结构的影响将越加明显。

不过，政府要有明确的产业政策引导，否则融资租赁对产业结构的调整会有一定的盲目性，从而可能加重重复生产和重复建设，进一步加重产业结构的不合理性。

2. 有利于引进外资

利用外资有多种形式借款、发债都可以，但这些方式受债务规模、配套资金、国内投资环境等因素的制约，而融资租赁是一种很好的利用外资方式，如以转租赁的方式可以在不增加债务总量的前提下，引进国外的技术、设备。

3. 有利于较高国家经济发展的整体效益

从资金的融通看，融资租赁可以使资金被有效利用，不会被挪用。从出租人方面来看，出租前要对承租人的资信、经营方向、经营状况作深入调查，而且只选择较佳企业的项目，因此投出去的资金有较好的安全性。而从承租人来看，由于只有使用权，没有所有权，所以企业对设备一定要做到最佳配置以充分发挥其作用。

第二节 公司融资

一、企业融资形式

个人、企业、政府都有融资问题，通常情况下，企业被视为当前的赤字部门，是社会融资中的最终借款人，因此，研究融资问题主要指向企业融资。

1. 内源性融资和外源性融资

在一般的研究中，经常把企业融资分为内源性融资和外源性融资。当金融部门作为资金借贷的中间人提供的融资不能完全满足企业的融资需求时，企业也会从自身资源中寻找所需的资金，这就是内源性融资。内源性融资包括企业在创业过程中的原始资本积累、发展过程中的资本扩充（企业从股东那里筹集股本）和经经营过程中的剩余价值或利润的资本化（纯收益中未分配给股东的部分），即财务报表上的自有资本及权益。另外，企业在收入中提取的折旧基金也被视为内源性融资。普遍的看法是，内源性融资成本低于外源性融资成本，因为内源性融资不存在代理成本问题，不存在困扰外源性融资中有关投资项目信息不对称和激励问题，也不存在企业与其他经济行为主体之间产生的交易成本问题。

除了内源性融资外，外源性融资在企业融资中同样具有非常重要的意义。外源性融资是指企业举借的各类对外债务，其获得渠道主要有两种，一种是通过银行举借各种短期或中长期贷款，另一种是通过证券市场发行企业债券或发行股票筹集资金。两类融资的比例组合称为企业融资结构，企业融资结构更多反映的是企业的财务问题，反映企业在某种特定资金需求下采取怎样的融资途径来解决资金问题。

2. 直接融资与间接融资

一般情况下，企业通过外源性融资获取资金的具体渠道被称为融资形式。传统上，划分融资形式的依据是融资活动是否需要通过金融机构。通过金融机构进行的融资被称为间接融资，没有通过金融机构的融资被称为直接融资。这种划分在金融中介机构主要是银行性机构时，是可以被采纳的。但是当金融中介机构不仅包含银行，还包含保险公司、投资管理公司，以及其他提供金融便利服务的机构时，就显得不合适了。因为不仅银行，保险公司、投资管理公司等金融中介组织都是以发行间接融资证券的形式从事融资活动，即便是资本市场上的直接融资也需要各种资本市场服务机构提供辅助服务。因此，从银行获得贷款属于间接融资，通过资本市场发行融资证券筹集资金属于直接融资，这样的界定更符合通常对企业外源性融资考察的习惯。对借款企业来说，直接融资是一种获取资金的快捷方式；对贷款者来说，融资证券则是债权资产（或股权资产）。

二、企业融资具体类型

商业银行在办理融资租赁时，应对租赁项目进行认真审查。只有符合条件的项目，商业银行才会提供融资租赁服务。一般说来，融资租赁项目应具有如下条件：

1. 有较高的经济效益

讲求经济效益是经济实体经营的核心和目的。为企业增加固定资产、采用先进技术设备，促进提高生产能力和租赁业务，也必然要以项目具有较高的经济效益为其重要条件。这是因为，从出租人的角度看，项目效益的高低，直接影响着租期的确定和能否按期收回租金。在通常情况下，租期应该依据租赁设备的经济寿命和加速折旧的比例确定。但目前承租人为提高资金营运效率，一般都把租期掌握在 3 年左右。这样，如果承租企业以租赁项目实现的利润支付租金，那就要求租赁项目必须获得 30% 以上的投资利润率，才有可能在 3 年左右收回租金投资。这对租赁项目经济效益的要求显然是很高的。就是说，没有很高的经济效益，就不可能按期收回租金。

2. 有必要的经济担保

为了保证租赁合同的顺利履行，并保证出租人租赁资金的安全，在申请租赁时，商业银行要求承租人提供必要的经济担保。承租人提供经济担保一般采取租金担保函的形式，即担保人必须是具有法律上认可的有债务担保资格和能力的经济实体。承租人也可采取以有价证券和动产、不动产作抵押品的担保形式。企业在实际经营过程中，常见的融资方式主要有以下几种。

（1）股权融资　股权融资是指企业通过公开发行股票筹集资金。股票具有永久性、无到期日、不需归还、没有还本付息的压力等特点，因而筹资风险较小。股票市场可促进企业转换经营机制，使之真正成为自主经营、自负盈亏、自我发展、自我约束的法人实体和市场竞争主体。同时，股票市场为企业的资产重组提供了广阔的舞台，有利于优化企业组织结构，提高企业的整合能力。

(2) 债权融资　债权融资是指企业对外公开发行企业债券来筹集资金。企业债券，也称公司债券，是企业依照法定程序发行、约定在一定期限内还本付息的有价证券，表示发债企业和投资人之间是一种债权债务关系。债券持有人不参与企业的经营管理，但有权按期收回约定的本息。在企业破产清算时，债权人优先于股东享有对企业剩余财产的索取权。企业债券与股票一样同属有价证券，可以自由转让。但在我国，企业债券与公司债券是有区别的，我国2005年《公司法》和《证券法》对此做出了明确规定。企业债券是由中央政府部门所属机构、国有独资企业或国有控股企业发行的债券。公司债券的发行属公司的法定权力范畴，无需经政府部门审批，只需登记注册，发行成功与否基本由市场决定。

(3) 银行信贷　银行贷款是企业最主要的融资渠道。按资金性质，分为流动资金贷款、固定资产贷款和专项贷款三类专项贷款通常有特定的用途，其贷款利率一般比较优惠，贷款分为信用贷款、担保贷款和票据贴现。银行贷款是非常传统的外部融资方式。

商业银行对企业提供贷款时，无论该企业多么优秀，总是要遵循稳健性原则而不得超过某个贷款限额。因此，企业只能有限地利用银行贷款的资金支持。同时，银行贷款审批时，所提供的放款额度也只是企业所需资金的一定比例，不是全额信贷。

(4) 融资租赁　融资租赁方式是第二次世界大战后国际金融市场上的金融创新，20世纪50年代首先在美国出现，随后在世界许多国家得到迅速传播与发展。融资租赁业务为企业技术改造开辟了一条新的融资渠道，采取融资融物相结合的新形式，提高了生产设备和技术的引进速度，还可以节约资金使用，提高资金利用率。除上述境内融资外，企业还可利用的海外融资方式包括国际商业银行贷款、国际金融机构贷款和企业在海外各主要资本市场上的债券、股票融资业务。

三、企业融资优势

融资租赁作为一种具有"融物"特征的融资方式，融资与融物相结合，与其他融资方法相比较，具有如下特点。

1. 同股权融资的比较

同股权融资相比，融资租赁不仅在程序上要简单得多，而且可以避免分散自己的股权利益或过多地披露自己的商业秘密。

2. 同发行债券的比较

我国当前债券市场还不很发达，对于企业来说，取得进入此类资本市场的资格远非易事。与之相比，租赁融资在程序上要简单一些。

3. 同银行信贷的比较

同银行信贷相比较，融资租赁的优势如在本章第一节中所述，近似于为承租企业提供了全额信贷，同时节约了银行对本企业的授信额度。除此之外，融资租赁还有以下一些优势。

程序上简单得多。同利用银行贷款购置固定资产相比，利用融资租赁取得固定资产在企业的内部决策程序上可能会简单一些。原因在于购置固定资产是预算性支出，融资租赁项下的租金支出是营业性支出。前者多半需要有董事会的决议，后者则可以由公司管理层（经营班子）做主。

租赁不是企业的负债，不计入资产负债表的负债项目，不改变企业的负债比率，也不影响贷款限额。因此，租赁不失为一种对企业十分有利的融资形式，它既获得了资金，又不增加负债，还不受金融机构的贷款限制；而银行贷款是企业对银行的负债，贷款增加，企业的负债比率也随之提高。

四、快速融资要诀

1. 保持对私营公司的控制权

私营公司为筹资而部分让出私营公司原有资产的所有权、控制权时，常常会影响私营公司生产经营活动的独立性，引起私营公司利润外流，对私营公司近期和长期效益都有较大影响。如就发行债券和股票两种方式来说，增发股票将会对私营公司的控制权产生冲击，除非他再按相应比例购进新发股票；而债券融资则只增加私营公司的债务，不影响原有所有者对私营公司的控制权。因此，筹资成本低并非筹资方式的唯一选择。

2. 筹资成本应低

筹资成本指私营公司为筹措资金支出的一切费用，主要包括：①筹资过程中的组织管理费用；②筹资后的占用费用；③筹资时支付的其他费用。私营公司筹资成本是决定私营公司筹资效益的决定性因素，对于选择评价私营公司筹资方式有着重要意义。因此，私营公司筹资时，就要充分考虑降低筹资成本的问题。

3. 以用途决定筹资方式和数量

由于私营公司将要筹措的资金有着不同用途，因此，筹措资金时，应根据预定用途正确选择是运用长期筹资方式还是运用短期筹资方式。如果筹集到的资金是用于流动资产的，根据流动资产周转快、易于变现、经营中所需补充的数额较小，占用时间较短等特点，可选择各种短期筹资方式，如商业信用、短期贷款等；如果筹集到的资金，是用于长期投资或购买固定资产的，由于这些运用方式要求数额大，占用时间长，应选择各种长期筹资方式，如发行债券、股票，私营公司内部积累，长期贷款，信托筹资，租赁筹资等。

4. 筹资风险低

私营公司筹资必须权衡各种筹资渠道筹资风险的大小。例如，私营公司采用可变利率计息筹资，当市场利率上升时，私营公司需支付的利息额也会相应增大。利用外资方式，汇率的波动可能使私营公司偿付更多的资金。有些出资人违约，不按合同注资或提前抽回资金，将会给私营公司造成重大损失。因此，私营公司筹资必须选择风险小的方式，以减少风险损失。如目前利率较高，而预测不久的将来利率要下落，此时筹资应要求按浮动利率计息。如果预测结果相反，则应要求按固定利率计息。再如利用外资，应避免用硬通货币偿还本息，而争取以软货币偿付，避免由于汇率的上升，软货币贬值而带来的损失。同时，在筹资过程中，还应选择那些信誉良好、实力较强的出资人，以减少违约现象的发生。

五、融资租赁对企业的功能

融资租赁在企业经营活动中发挥着重要作用，主要体现在几个方面。

1. 增加企业经营的灵活性，为承租企业提供了一种特殊的融资方式，融资租赁对承租企业来说，是一种特殊的信贷。

为企业提供了一定规模的长期资金融通。对承租企业而言，融资租赁公司通过融资租赁项目的实施为承租企业提供了近似于全额信贷。因为借款人在向银行贷款时银行通常要求借款人提供担保抵押，抵押品的价值一般是被低估的，同时银行只能提供相当于设备价款的一定比率的资金贷款，仅是部分融资。而融资租赁公司提供了相当于设备购置价款的全额信贷。

节约了银行对企业的授信额度。对承租企业来说，通过融资租赁虽然是获得了如同信贷的资金支持，但与一般的银行信贷存在不同，即节约了银行对本企业的授信额度。在企业需要新的资金以取得设备时，存在这样的情况：①借款余额或许已经接近授信额度，新增借款已经不再可能。②即使额度尚余不少，但是，为应对市场的变化，必须把该余额留作用于随时可能发生的流动资金之急需。因此，明智的企业会将融资租赁作为取得固定资产所需资金的来源，作合理的搭配。除了基本建设、原材料购置等无法直接利用融资租赁外，在出现需要长期资金以取得设备的情况时，都可以考虑利用融资租赁的方式。

2. 有利于满足承租企业增强资产流动性的需求

1）融资租赁可以使承租企业在不减损对自己固定资产使用的前提下，加大自有资产的流动性。融资租赁公司通过回租业务，不改变对原有固定资产的使用，但同时却获得资金的融通，从而满足承租企业增加资产流动性的需求。而用银行贷款购置设备则不同，企业在一开始就要支付一大笔设备预付款及运费、保险费、安装费等，另外也增加了自身的债务负担。融资租赁作为一种全新的资金提供方式，帮助企业解决了这些问题。

2）融资租赁灵活的租金偿付方式便于缓解承租企业资金紧张的压力。承租企业只需筹措一小部分资金甚至不用筹措资金就可及时用上所需要的设备，从而可以边生产、边创利润、边还租金。企业还可根据生产收益情况灵活安排租金偿还信托与融资租赁度，或者根据自己对现金流的需求，与出租方协商十分灵活的租金支付方式。

3. 满足关联交易的需求

如果某企业有融资需求，而其控股母公司或关联方有剩余资金，则可以假手某融资租赁公司，以委托租赁的方式，将该资金用于上述企业。

第三节 公司融资方案

解决中小企业融资难问题是一项事关经济发展全局的大事，需要政府、企业、银行及社会各方面协调配合，采取积极措施，共同化解。中小企业发展受困于资金的匮乏，而中小企业又是我国经济的重要组成部分，在促进科技进步、解决就业、扩大出口等方面发挥着重要作用。中小企业银行融资增长缓慢。由于融资需求难以得到满足，中小企业不同程度地出现了流动资金周转困难，规模扩张受阻，设备陈旧难以更新、技术开发投入不足等情况，阻碍了中小企业的进一步发展。提高发展能力和信用观念是改善中小企业融资环境，最终解决融资难问题的根本出路。

一、融资结构分析

在完成了融资方案的资金筹措来源表和分年度资金筹措计划表以后，便可在此基础之上分析和选择各种可能的融资方案。融资结构分析是融资方案的主要部分，融资结构分析包括三方面：权益投资结构分析、资产负债结构分析和负债融资结构分析。

1. 权益投资结构分析

通常权益投资结构分析包括两个方面：对权益投资普通股和优先股等股本投资比例结构

进行分析；对普通股股东比例结构的分析。如果项目公司或项目依托的企业不是独资方式，就需要与投资方通过协商确认股东们各自缴付股本资金的数额、时间等及各方所占的股权比例。

对于融资方案中采用普通股和优先股的股票方式筹集股本时，应对于每类股票权利和义务的约定及比例进行说明。融资方案中存在准股本资金时，在融资结构分析时可将股本资金视为权益资金，但是，应指出其所占数额及比例，并且要分析准股本资金变成债务资金时所造成的项目影响。

2. 资产负债结构分析

在公司融资时，要分析当前的资产负债结构和给定融资方案时企业的资产负债结构，并对新的融资方案给资产负债结构带来的变化进行分析。

在项目融资时，要分析给定融资项目公司的资产负债结构。对于各种融资下权益资本应占项目总投资的比例，应根据以下因素考虑决定。国家管理部门的规定，《国务院关于固定资产投资项目试行资本金制定的通知》对某些项目的资本金比例有了规定；满足债权人的要求，债务人对债权人要有还本付息的保证和能力；满足权益投资者获得回报的要求。

3. 负债融资结构分析

负债融资结构分析是分析负债融资方式的融资金额比例和期限结构。负债融资的期限要合理搭配，使本息偿还负担合理分配，并降低融资成本。短期贷款的利率较长期贷款低，但企业近期还本付利压力大。在项目融资时希望取得较多的长期贷款，以降低最初几年的项目还本付息压力，但长期贷款利率较高。所以，当公司实力强信誉好时，更愿意使用中短期贷款。

在融资方案的分析中，要分析研究各种负债融资方式融资金额比例。银行贷款是目前负债融资的主要途径，企业负债融资主要依靠银行贷款。如果企业是大型企业，那么可发行企业债券进行融资。租赁融资是用于机器设备，但利率较高。

在企业的融资中常见的就是企业的融资租赁和经营租赁，因为这两者的优势都很明显，因此有许多的企业选择以这样的方式来融资。融资租赁和经营租赁是当代租赁的两种形式，两者是两种经济实质截然不同的交易，属于完全不同的行业。融资租赁属于金融行业，在金融业里有一个分支叫银行业；融资租赁又是银行业的一个业务类别，与其并列的业务就是银行借贷。

经营租赁是狭义的商业服务业，与其并列的是如摄影、维修之类的行业。融资租赁与经营租赁作为当代租赁的重要形式，拥有各自特征，两者之间存在区别。

二、租赁标的一般范围

租赁标的一般范围在无形资产。在租赁中，无形资产如债权标的是指经济合同中当事人权利和义务共同指向的对象。对租赁而言，租赁标的是指租赁合同中当事人权利和义务共同指向的对象，或称为租赁物，也称为租赁对象。在租赁业务中，由于出租人出让的是物品使用权，因而，租赁标的物的范围应该是可以转让使用权的有体物。但是，并非任何动产和不动产都可以作为租赁的标的物。

三、融资成本分析

融资成本指私营公司为了合理融资而支出的一切费用，主要包括：

① 融资过程中的组织管理费用。
② 融资后的占用费用。
③ 融资时支付的其他费用。
私营公司融资成本是决定私营公司融资效益的决定性因素，对于选择评价私营公司融资方式有着重要意义。因此，私营公司融资时，就要充分考虑降低融资成本的问题。

四、融资成本分析

1. 债务资金融资成本

债务资金融资的主要资金成本就是利息。在分析融资方案时，要分析融资方式的付息条件，包括利率和付息方式等。还要比较融资的综合利率，测算债务的资金成本。在利率的比较中，可多折算为年利率比较，对于不按年计息的债务，应按复利方法折算为年利率。除利息外的债务资金融资要支付附加费用，如承诺费、手续费、代理费、担保费及其他杂费。

对随债务资金发生的资金筹集费，也应进行分析，并说明其计算办法及数额。在进行融资方案的债务资金综合融资成本比较时，可采用以下方法：

一是当资金筹集费较低时，可以综合利用利率比较综合融资成本；

二是当资金筹集费较高时，可用现金流量折现计算综合利率。

2. 权益资金融资成本

资本成本主要是股本分红等，从项目权益投资者的角度观察，在分析融资方案阶段，要了解权益资本出资人的具体要求。

融资风险是指因资金变动、融资不合理而造成的投资者、老板、债权人等蒙受经济损失。在分析融资方案时，应识别各融资方案的融资风险，并对之进行评价和比较，对此还要提出最终推荐的融资方案的风险防范措施。

（1）资金到位风险　融资方案在实施时，可能会存在资金不能及时到位的风险。要分析融资方案是否有这种风险，是否有办法规避，是否有什么具体的补救措施，以保证项目取得资金。

（2）利率风险　在负债融资中，利率的水平要根据金融市场的变动而变动。所以，融资方案若采用了浮动利率的计息方式，就要分析利率风险，应对目前利率水平、未来利率走势判断等进行分析。

当公司境外浮动利率贷款融资所占比例较大时，就要把利率的上升幅度作为变化因素，而且，还要把现金流量和债务清偿当做敏感性分析，以说明利率变化的风险。

具体防范措施主要包括：选择的利率调换措施，如固定利率对浮动利率的调换等形式。近年来国际资本市场采用新型筹资技术，是金融风险管理中的必要手段，应熟练地进行应用。要对境外融资的结构进行合理安排，按资金成本，选择境外债务的顺序为：第一是世界银行、亚洲银行、地区性的低息、无息贷款；第二是外国政府出口信贷及比市场利率低的其他优惠贷款；第三是商业银行贷款。

要在借款合同中固化借款人的利益，并且做些防范性规定。如在合同中列入延期还款及利率安排条款等。要选择适当的固定利率与浮动利率比例结构。选择固定利率具备的优点是，资金成本易于测算与控制；选择浮动利率的优点是，市场利率波动的风险由借贷双方负担。

（3）汇率风险　汇率风险指因外币汇率发生了变化而引起的项目风险。如果在项目建设时借用了外汇进口设备，当偿还外汇时，如果正逢人民币汇率下跌，对国内销售为主的项目造成了偿还难度，就产生了外汇风险。在项目融资时若有外汇借款，就应研究汇率风险。

3. 融资风险分析

私营公司融资必须权衡各种筹资渠道筹资风险的大小。例如，私营公司采用可变利率计息筹资，当市场利率上升时，私营公司需支付的利息额也会相应增大。利用外资方式，汇率的波动可能使私营公司偿付更多的资金。有些出资人违约，不按合同注资或提前抽回资金，将会给私营公司造成重大损失。因此，私营公司筹资必须选择风险小的方式，以减少风险损失。如目前利率较高，而预测不久的将来利率要下落，此时融资应要求按浮动利率计息。如果预测结果相反，则应要求按固定利率计息。再如利用外资，应避免用硬通货币偿还本息，而争取以软货币偿付，避免由于汇率的上升，软货币贬值而带来损失。同时，在融资过程中，还应选择那些信誉良好、实力较强的出资人，以减少违约现象的发生。

在融资时应该注意防范风险，但是在工程机械这个行业更多的是融资租赁，在融资租赁中也会有很多的风险是需要防范的。

导致融资租赁信用风险的原因主要有：

1) 在租赁期内，由于承租人业务经营不善或者产品市场情况发生恶化，都有可能造成企业现金流量短缺，使得承租人无法按时支付租金，从而给出租人造成信用风险。此外，承租人恶意拖欠租金，也会给出租人带来信用风险。

2) 根据租赁合同，承租人负有对租赁设备的维修、保养等义务，但是由于出租人无法对租赁设备实施干预和管理，一旦承租人不合理使用、维修、保养所租设备而出现掠夺式使用或其他短期行为时，就会给出租人造成财产损失。

3) 承租人非法处置本应属于出租人所有的租赁资产，也可能给出租人带来损失。融资租赁交易中租赁资产的所有权归出租人所有，这在我国的租赁合同中有明确规定，但在实践中，由于作为租赁资产的机器设备登记制度不严密，常会发生承租人将不属于自己所有的租赁资产用于抵押担保等情况。在融资租赁项目中，风险暴露期往往较长，融资租赁的长期性特点，使得出租人承担的信用风险更为突出。

4) 就融资租赁业务本身来说，集中发生的租金偿付拖延和租赁设备回收困难可能会引起租赁公司的流动性风险。这种情况的产生更有可能是由商业性周期引起的。还有一种情况是单个或几个租赁项目的投资额过大，如果出现租金偿付和租赁设备回收困难及中途解约的情况，也会发生足以影响整个租赁公司的流动性风险。

5) 在我国的融资租赁实践中，合同风险也是一个重要的因素。从我国融资租赁实践中所出现的问题来看，相关的买卖合同、融资租赁合同或者担保合同缺乏严密性，从而造成由于合同文本本身的瑕疵，以及合同履行过程中程序上的疏漏使融资租赁公司在因承租人违约所提起的诉讼中使自己的合理请求得不到法院的支持。

4. 融资需求

在企业的融资中会有很多的方案可以选择，每一个企业的融资需求也不一定相同。面对这么多的方案，要以用途决定融资方式和数量，这样在融资的过程中才不会盲目，会有一个合理的指导，让企业的融资更加合理化，融资也可以让企业的利润变得最大化。

由于私营公司将要筹措的资金用于不同用途，因此，筹措资金时，应根据预定用途正确选择长期筹资方式或短期筹资方式。

如果筹集到的资金是用于流动资产的，根据流动资产周转快、易于变现、经营中所需补充的数额较小，占用时间较短等特点，可选择各种短期筹资方式，如商业信用、短期贷款等；如果筹集到的资金是用于长期投资或购买固定资产的，由于这些运用方式要求数额大，占用时间长，应选择各种长期筹资方式，如发行债券、股票、私营公司内部积累、长期贷款，信托筹资，租赁筹资等。

第四节 二手工程机械融资

一、概述

工程机械产品和其他一般消费品不同，它有很多特性，正是产品自身的特点决定了融资租赁方式适合工程机械。同样，二手的工程机械也适合于此种方式。

工程机械融资租赁是一种以设备为载体，集贸易、金融、租借为一体的特殊金融产品，是由出租方融通资金为承租方提供所需设备，具有融资、融物双重职能的租赁交易。随着工程建筑市场竞争的日益加剧和工程机械设备更新速度的加快，施工企业为避免设备陈旧风险带来的资产损失，对资产流动性和设备的先进性更加关注。从全球来看，工程机械租赁公司已成为国际上设备流通的新兴载体，机械租赁已成为现代工程机械营销体系中不可缺少的重要形式，融资租赁也成为工程机械销售主要增长点。

从国内目前市场发展看，迅猛的投资和项目需求的多样性、梯度性，为工程机械设备租赁的二手市场提供了很大的发展空间。多数制造商为扩大市场份额、维护自己品牌的市场秩序，已经认识到租赁销售和发展租赁经营，对于控制设备流通、开辟新的利润增长点非常重要。但是现代租赁在我国发展很不成熟，设备生产厂家对如何利用租赁来开展融资业务还处于摸索甚至茫然状态。

国际工程机械市场属于垄断竞争的市场结构，在世界范围内存在国际大型知名厂商与各国本土厂商并存的局面。国际知名工程机械生产厂商，如美国的卡特皮勒、沃尔沃；日本的小松、日立、SG（神钢）以及韩国的大宇、现代等公司都是世界500强企业，他们垄断了世界工程机械市场的绝大部分份额。而这些企业在市场战略、产品技术、金融支持和售后服务等方面都具有优势，这些跨国企业在全球拥有自己的合资公司、代理渠道和服务体系。在金融服务方面，它们拥有自己的金融租赁公司，并且在世界各国都建立起金融租赁公司的分支机构。这些金融租赁公司的主营对象为母公司生产的机器设备，成为公司产品销售平台。这类厂商租赁公司已成为融资租赁业的主要组成部分，并在全球呈现递增趋势。国际租赁销售模式已成主流。

以世界第一大工程机械厂商美国卡特彼勒公司为例。卡特彼勒公司在全球有1689家代理商和数十家专业金融租赁公司为客户提供融资租赁业务。世界大多数国家都有卡特彼勒金融服务公司的租赁服务，卡特彼勒金融服务公司在中国的利润从最初的8亿人民币发展到2000年20亿人民币。2004年全球客户的数量发展到96000个，卡特彼勒58%的客户运用融资租赁方式，总业务量的70%都是通过金融服务项目完成。2004年4月26日，卡特彼勒公司宣布在中国北京设立一家新的外商独资公司——卡特彼勒（中国）融资租赁有限责任公司，该公司的成立是卡特彼勒在中国发展其全球化商业模式的里程碑。

二、工程机械行业的发展情况

我国工程机械行业经过们多年的发展，已基本形成了一个完整的体系，18大类工程机械都能生产。

自2000年以来，中国工程机械市场发展迅速，销售额和产量均增加了约3倍，按工程机械销售量统计，目前中国仅次于美国，居世界第二。以2006年为例，据对挖掘机、装载机、推土机、平地机、工程起重机、压路机以及混凝土机械等设备销售情况的不完全统计，全年共销售上述产品291932台套，工程机械全行业销售总额超过1500亿元人民币，同比增长达到20%。

中国正在成为全球工程机械的制造中心。目前全球几乎所有主要的工程机械制造商都来到了中国，排名在前20名的卡特彼勒（美）、小松（日）、特雷克斯（美）、日立（日）、利渤海尔（德）、英格索兰（美）、沃尔沃（瑞典）、山特维克（瑞典）、马尼托瓦克（美）、神钢（日）、斗山（韩）、现代（韩）、阿特拉斯·科普柯（瑞典）等均已在中国建立了工厂。另外，中国市场还吸引了康明斯、弗列加、博世、德尔福等众多的零部件制造商。种种迹象表明，中国正在成为全球工程机械的制造中心。

我国是生产及销售工程机械的大国，但不是强国，而且离强国还有很大的距离。主要问题是：①产品品种不齐，缺少大型、小型的产品，特别是大型设备。对于用量小、价格贵、技术难度大的大型工程机械尚不能制造。国内如大马力推土机、大型盾构机等一直采用与国外合作共同生产方式。②产品性能在智能化、电子控制、自动监测、机电液一体化等还跟不上市场的需要。③产品质量差。具体表现在耐久性及可靠性与国外先进水平相比差距大，在平均无故障时间及第一个大修期仅为国外先进设备的一半。④产品结构缺乏前瞻性等。

造成此种现象，有以下原因：

首先是国际工程机械行业纷纷进入我国。我国工程机械增长速度自20世纪90年代以来一直保持在10%以上，这在国际上是较高的增速，因此国外工程机械制造商很重视国内市场，是外商投资的热点。如瑞典VOLVO EC55B小型挖掘机2004年6月在上海独资工厂生产下线；日立住友重工建筑机械有限公司从2004年8月起在中国生产起重机；美国卡特彼勒公司与山东山工机械有限公司2004年10月19日正式签订有效合约，卡特彼勒借力山东工程机械厂跻身国内的装载机本土制造业。

其次，其他行业资金也开始进入工程机械行业。上海彭浦巨力工程机械有限公司已进入上海汽车工业集团公司，郑州工程机械有限公司被郑州宇通汽车集团控股更名为郑州宇通重工有限公司，宣化工程机械有限公司被北汽福田控股。社会上财力雄厚的集团正逐渐进入工程机械行业。行业内在集团正进行自身的产业结构调整，通过重组兼并等措施开发多品种。如柳工集团在柳州地区除生产装载机、挖掘机外，兼并扬州建机、上海叉车厂发展混凝土机械和叉车，并在镇江建立小型挖掘装载机生产基地；三一重工除保持目前的混凝土机械生产外，又开发了推土机、挖掘机、压路机、摊铺机、汽车起重机等产品。

目前，国内龙头企业与跨国公司实力相比还比较弱小，而那些集中精力在部分产品和市场上形成核心竞争力，并以毛利润为导向的专家型企业则更有可能在激烈的竞争中生存下来。在工程机械行业新的竞争格局中，相当多的国内企业将成为跨国公司生产与市场体系中的一个环节，而少数在产品和服务上具备核心竞争力的企业将有可能成为与跨国公司抗衡的佼佼者。

三、二手工程机械国际、国内情况

被欧美日等经济发达国家誉为"黄金产业"的二手工程机械交易市场并没在中国得到重

视。目前我国二手工程机械的交易模式整体仍处在最原始的地摊式交易模式,路边摆摊销售二手工程机械车辆,全国各地比比皆是。二手工程机械的流转模式不科学,不规范、不合理。然而,二手工程机械在中国却有巨大潜力可挖。

在日本,情况却和国内大大不同。日本的二手工程机械市场成熟,有力地推动了日本整个工程机械行业的发展。以日本最大的工程机械制造商小松为例,小松的二手机械业务开展得非常好,公司内部专门设立有二手机械事业部,收购用户手中的二手机械,并能够根据市场和客户的需求做出快速反应。小松对其代理商中有丰富工程机械服务经验的人员进行专业的评估培训,使他们成为小松优秀的二手机评估师。他们根据小松的统一标准对二手机器进行专业评估,并确定回收机器价格。拥有小松二手机械的用户可以把旧机器作为首付,购买新机器,从而使小松占据新设备市场的有利地位。而且小松在日本有专门的更新制造厂,运用厂家的技术,对收购的二手机械进行整修,通过更换构件等方法,实质性地恢复设备的功能,延长设备的寿命,制造出小松认证的二手机械产品。而且小松的二手设备服务及质量也有保障,工厂提供检查表、修理明细表和品质保证书,确保用户放心购买使用小松二手设备。另外,在日本,小松还有一套非常完善的二手机械产品的拍卖体系。在小松的拍卖会上,由于有品牌信誉的保证及相应的质量服务承诺,机器拍卖的过程简明稳妥,一般平均一分钟就会完成一台机器设备的拍卖。这样成熟完善的二手工程机械回收方式,有力地保证了小松工程机械在市场的占有率。

相比日本的二手工程机械流转模式,我们是否有专业的二手工程机械评估师?是否有以旧换新的销售政策?我们的维修再制造技术是否成熟?再制造产品的售后服务是否能得到保障?我们的二手工程机械最终的流向到底是什么?能否最大的利用二手工程机械的商业价值?

有数据显示,英美等国的工程机械销售额中,65%以上是以租赁方式实现的,而我国设备投资中采用租赁形式的比重只有2%左右,每年的融资额不到美国的1%、日本的2%或者韩国的10%。

四、影响工程机械融资租赁的因素

由于工程机械融资租赁主要面对的是中小企业,因此融资租赁公司在办理相关业务的时候,必然承担不小的风险,目前有效规避风险的方法还不太多,这些问题,严重阻碍了融资租赁市场的发展。影响开展工程机械融资租赁业务的最关键问题有两个:企业信用体系的缺乏和二手设备市场的不完善。

信用体系是融资租赁的基础,这是行业的一个共识,从某种意义上,这也是中国融资租赁市场发展的最大瓶颈。目前专业工程机械融资租赁公司对承租企业的考察,相关的标准和数据还是比较单一的,也是不够完善的——也许企业的注册资本比较高,但融资租赁公司无法全程有效监控,缺乏对企业的考察和信用标准导致的高风险,也使得他们失去了很多有可能成为优质客户的潜在资源。

另一个影响融资租赁市场发展的问题是中国工程机械二手设备市场的不够完善。对于工程机械融资租赁市场来说,无论是承租企业选择租期结束之后转卖,还是由于无力支付租金由融资租赁公司收回,都牵涉到一个二手设备的后续市场问题。但目前,中国相关的市场还远远没有完善,这给融资租赁公司带来了一定的麻烦。为了规避风险,目前国内大部分融资租赁公司都采取和设备制造商签订回购协议的方式,这虽然在某种程度上规避了融资租赁公司的风险,但降低了制造企业的积极性,也是不利于融资租赁市场发展的。

除了上述两个最重要的问题之外,还有一些其他问题,包括融资租赁相关法律尚未出台、国家对融资租赁的税收问题、工程机械设备的标准问题、融资租赁企业对工程机械信息的不对称等,这些问题也或多或少地影响着融资租赁市场的快速发展。

国内的工程机械融资租赁市场总体上还处于起步阶段,但已经面临比较严峻的全球竞争,特别是近几年来,卡特彼勒等全球巨头已经进军中国,并加大了对中国市场的投资。

国外的融资租赁公司进入中国,一方面可把更先进的技术和经验带进中国,促使中国的工程机械企业加快技术提升的步伐,同时还培养了一大批专业人才。在这种情况下,本土企业所面临的竞争压力肯定会加大。不过总体来看,国外工程机械融资租赁公司在面临国内企业在信用缺失等相同问题的同时,也需要解决很多实际的问题,包括客户资源的问题,对国情、政策的了解程度问题等。因此,在短期内国外工程机械融资租赁公司尚不构成严重威胁。

在工程机械融资租赁全球化的问题上,不仅国外企业开始进入国内市场,国内融资租赁企业也在研究进军全球市场的问题。通过融资租赁的方式帮助我国的生产设备制造企业提高对国外的出口,相信也是众多企业关注的一个重要课题。虽然这方面目前还有一些政策、税务等方面的问题,但租赁公司正在积极研究,寻找对策,相信很快就会出现成效。

五、二手工程机械融资环境

1. 企业内部环境

微观环境中第一个因素是企业本身。企业的市场营销部门不是孤立的,它面对着企业的许多其他职能部门。一般而言,工程机械企业内部基本组织机构包括高层管理、财务部门研究与发展部门、采购部门、生产部门、销售部门等。这些部门、各管理层次之间的分工是否科学、协作是否和谐、精神是否振奋、目标是否一致、配合是否默契,都会影响管理的决策和营销方案的实施。

2. 供应商

供应商向工程机构企业提供包括工程机械零部件、设备、能源、劳务、资金等生产所需的资源,对企业营销活动的影响主要表现在以下三个方面。

1) 供应商提供的资源质量将影响企业所生产的商品质量。
2) 供应商所提供的资源价格将影响企业所生产商品的成本和售价。
3) 供应商对资源的供货能力将影响企业的生产和交货期。

因此,工程机械企业在选择供应商时,应通过制订详细计划,选择那些能提供优质产品和服务的供应商。现代企业管理很重视供应链的管理,工程机械企业应认真规划好自己的供应链体系,将供应商视为战略优质,按照"双赢"的原则实现共同发展。

3. 营销中介

营销中介是指在促销、销售及把产品送到最终用户的过程中,给企业提供了服务与帮助的所有企业和个人。工程机械的营销中介包括中间商、实体分配机构(如仓储和运输公司)、营销服务机构(如调研公司、咨询公司、营销与租赁信息服务公司、广告公司等)、金融服务中介(如银行、信托投资公司、保险公司等)。营销中介与企业的关系是一种销售协作关系,它的存在与发展对企业的营销活动起到较大的推动作用。

4. 用户

用户是工程机械企业服务的对象，企业的营销活动以满足用户的需要为中心。依用户划分的市场类型：消费者市场、生产者市场、转卖者市场、政府市场、国际市场。

5. 竞争者

通常情况下，企业不可能单独占有某一市场，每个市场都存在数量不同的竞争者，企业的营销活动会受到竞争对手的干扰和影响。因此，企业不仅要对竞争对手进行辨认和跟踪，而且还要有适当的战略谋划，以巩固本企业的市场。

工程机械市场竞争基本上有三种类型：

1) 生产同类产品的企业竞争。这类企业生产相同的产品，满足用户相同的需求，例如同是生产平地机的厂家。

2) 生产替代产品的企业竞争。这类企业生产不同的产品，但满足的是用户相同需求。

3) 生产不同产品企业间的竞争。

6. 社会公众

在任何工程机械企业周围，都存在着许多公众。公众是指对企业营销目标构成实际或潜在影响的群体。这样公众可以是政府、社团组织（如中国机械工业协会、中国工程机械学会）、媒介机构（如报社、杂志社、电视台和广播电台等）、当地公众、内部公众（董事会、经理、经营管理人员及职工等）。许多大的工程机械企业都有自己的"公共关系"部门，专门负责处理企业与这些公众的关系。

六、工程机械销售融资租赁优势

工程机械产品和其他一般消费品不同，它有很多特性，正是产品自身的特点决定了融资租赁方式在销售过程中的优势。

1. 工程机械产品是生产资料

客户购买工程机械产品的目的在于运用该机械进行工程作业取得收益，因此，工程机械产品和食品、轿车等商品不同，不是消费品。客户关注的重点是产品的收益性。在购买工程机械产品的过程中，客户会精心计算成本和收益，选择最有价值的产品取得方式。融资租赁对于客户来说，可以不用一次性付款，而在不断得到投资收益的过程中付给出租方租金。融资租赁方式能够使客户的初期投入相对较小，而获得设备的稳定长久的使用权限。

2. 工程机械的单台价值很高

工程机械属于大宗耐用商品，它的售价一般比较昂贵。例如，不同型号的卡特彼勒挖掘机单台售价一般在80万~150万之间，1台摊铺机或起重机的价格一般在几百万元以上，对于客户来说，一次性付清款项的压力很大。因此在操作过程中，绝大多数销售都不是一次付款。所以，工程机械适合信用销售方式，特别是融资租赁方式。

3. 工程机械属于高科技的专业设备

工程机械的销售、使用与维护具有专门的固定渠道。特别是工程机械产品的售后服务，是各个厂商和客户关注的重点。产品在销售后，厂商与客户的服务关系仍然存在，因此，工程机械采取融资租赁方式营销，有利于进一步加强厂商与客户之间的联系，而售后服务和租赁后的信用管理工作可以互相配合、互相促进。

由于工程机械产品具有以上特性，所以国际知名厂商普遍发展了融资租赁业务，它们通过成立控股的金融租赁公司，为购买自己的品牌产品的客户提供融资租赁服务。对于客户金融服务的好坏成为厂商竞争策略能够成功与否的关键性因素之一。

七、二手工程机械融资模式

目前工程机械融资租赁模式现在一般有以下三种模式：

1. 卡特彼勒模式

卡特彼勒模式——以代理商为主体，设立租赁店。卡特彼勒在全球共设有 1900 多家租赁店，2004 年在中国获融资租赁资质后在昆山设立第一家租赁店，到目前为止已在国内设立租赁店 12 家。

卡特彼勒把租赁店的设立看成是其营销体系中的重要一环。在条件成熟的地区，要求代理商必须按照卡特彼勒统一的标准模式设立租赁店，形成销售、租赁、二手设备销售这样一个完整的营销链，从而实现卡特彼勒全方位满足用户需求（买、租、买二手）的设备服务目标。

卡特彼勒认为，工程机械的银行按揭是一种风险较高的销售模式，出现风险时设备产权无法保障，因此，在中国取得融资租赁资质后，要求代理商全面停止银行按揭销售而采用融资租赁促销。即使代理商能够依靠自身实力自行按揭，不用卡特彼勒承担按揭风险也不行。毕竟，代理商的风险也是卡特彼勒的风险。

卡特彼勒依托代理商作融资租赁促销的资金是卡特彼勒金融服务公司提供的。卡特彼勒依靠自身超强的企业实力和信用从银行获得低利率的资金，帮助想要获得卡特彼勒机械设备的用户实现自己的购机愿望。从更高层面上讲，融资租赁是产业和金融结合的一种重要手段，融资租赁公司是金融和产业结合的一个桥梁。在美国，银行不愿意面对千千万万信用无法控制的客户做银行按揭，因此出现由银行、企业或银企结合搭建一个租赁公司，银行为租赁公司融资，租赁公司对千千万万的用户以融资租赁方式进行产品销售。而国内实业界把融资租赁作为圈钱（如德隆集团）的手段，形成大量的银行呆账、坏账，使银监会"一朝被蛇咬，十年怕井绳"，不敢让银行同融资租赁公司打交道。直到近几年，才开始作政策性引导以促进其健康发展。

2. 沃尔沃租赁模式

沃尔沃租赁模式——特许加盟。沃尔沃建筑设备公司介入租赁较晚，2001 年才开始涉足租赁，主要是依托沃尔沃强大的品牌影响力在全球以特许加盟的方式设立租赁中心。沃尔沃不仅提供一定的融资支持，而且提供租赁管理、设备管理、客户管理、信息库等全方位的支持，用特许加盟店的方式来满足用户对沃尔沃设备的租赁需求。

3. 迪尔租赁模式

迪尔租赁模式——自建网络。迪尔公司主要采用自建租赁网络的方式开展租赁，2000 年进入中国后，在上海设立迪尔（中国）租赁公司，同时分别在南京、武汉、成都、重庆、西安、兰州等地设立了分公司。2005 年，迪尔退出全球工程机械租赁市场，撤销了所设租赁分支机构。

比较以上三种租赁模式，卡特彼勒模式最成功也最有效，真正建立起了从销售到租赁再到二手设备销售这样一条完整的营销链，实现了卡特彼勒提出"只要你想用，卡特彼勒就能满足"的目标，全方位地满足用户的各种需求（买、租、买二手设备）。同时全球租赁体系的建立不仅可以化解融资租赁促销可能产生的风险，而且也提供二手设备销售承接平台。

沃尔沃模式虽然也卓有成效，但并不像卡特彼勒模式那样环环相扣、形成一个完整的营销链。迪尔 2005 年在全球退出融资租赁市场无疑说明其模式是失败的，中联租赁近两年在租赁市场所进行的探索和所面临的严峻挑战也从一个侧面证明迪尔模式当时的艰难。

八、二手工程机械业务流程

二手工程机械融资租赁最简单的业务流程一般有以下几个步骤：

1. 融资租赁项目申请

用户向工程机械企业或其代理商提出购买要求，销售部门向客户介绍融资租赁方案。如果客户采用融资租赁方式，那么，用户与工程机械企业的销售部门向其企业相关金融租赁公司租赁部项目经理直接申请办理融资租赁业务，客户填写《租赁申请书》及《承租人资格审查表》，并如实提供租赁公司要求的相关资料。

2. 租赁业务受理

租赁公司项目经理收到用户申请及提交资料后，会在规定时间内作出是否受理的选择，然后对项目、用户及其担保人进行深入调查与评估。

3. 租赁项目审批

工程机械企业相关的金融租赁公司对租赁项目实行进行初审、复审和审批委员会的最终审批。

4. 签订租赁合同

租赁项目审批通过后，租赁公司与承租人签订租赁合同，租赁公司与工程机械企业或其代理商签订供货合同，与担保人签订保证（抵押、质押）合同。

5. 项目监管和回收

租赁公司项目经理与工程机械企业此项目的信用代表对租赁项目实施终身监管，确保租金按时回收。

6. 业务结束归档

租赁项目执行完毕，将全部档案资料结清归档。此种操作模式的实质是融资租赁业务中的分成合作模式。从中可以看出，此种模式对于二手工程机械企业的好处在于对融资租赁业务的初期投入比较小；业务不会占有公司自身资金；对现有组织结构与渠道改造的影响比较小；信用管理的压力不大。然而，这种操作模式的不利因素也是十分明显。第一，融资租赁业务的收益基本被租赁公司占有，厂商还要付出销售的分成。第二，和银行按揭贷款方式一样，厂商要为客户提供连带的回购担保，风险最后还是在很大程度上由厂商承担。第三，厂商受到租赁公司很大的牵制，业务的独立性和对融资租赁的过程控制能力不强。

九、大型建设项目中机械设备进行具体操作时注意事项

1. 确定出租人的合法性

我国融资租赁目前还处于多头监管状态，关于融资租赁管理的法律法规尚不完善，因此在确定融资租赁合同前，首先要确定出租人的合法性，避免不必要的法律纠纷。在出租人选择上，要注意审查出租人是否具备经营融资租赁的资格。目前，我国的融资租赁业呈现"三足鼎立"的格局：一是商务部监管的40多家中外合资和两家外商独资融资租赁公司；二是仍归口商务部管理，大约有1万家的内资租赁公司；三是银监会监管的10多家金融租赁公司以及一些兼营融资租赁业务的企业集团财务公司和信托租赁公司。如果出租人不是这几类公司，则融资租赁合同将是无效合同。

2. 明确机械设备、出卖人的标准

在融资租赁过程中，出租人只是根据承租人关于租赁物和出卖人的指定标准进行租赁物的购买；而且根据融资租赁的性质和有关法规规定，出租人一般对租赁物不符合约定或者不符合使用目的的不承担责任；况且，一般对出卖人的索赔应由出租人享有和行使。因此，为避免索赔的复杂化、切实保护自身权益，施工企业融资租赁机械设备时，应在融资租赁合同中明确约定机械设备和出卖人的标准，并且应在买卖（供货）合同和租赁合同中均约定转让索赔权，即在出卖人（供货人）迟延交货或交付的租赁物质量、数量存在问题以及其他违反供货合同约定的行为时，承租人（施工企业）可以直接向出卖人（供货人）索赔。

3. 约定机械设备在租赁期满时的处理方式

根据我国《合同法》中关于融资租赁合同的规定，在融资租赁合同中要明确约定租赁期届满时融资租赁机械设备的归属。如果没有约定或约定不明，按法律规定，融资租赁物在租赁期满后仍归出租人即融资租赁公司，这对施工企业是不利的。为了在租赁期届满时以比较低的成本拥有租赁的机械，要在合同中约定租赁期满租赁物折一定价（一般很低甚至为零）后所有权归属于承租人。综上所述，施工企业应在融资租赁合同中特别注意这种约定。

4. 严格遵守融资租赁合同

融资租赁的一个大特点就是在整个租赁期间，虽然承租人拥有使用机械设备及利用其盈利的权利，但租赁物的所有权始终掌握在出租人手中。承租人（施工企业）未经出租人（融资租赁公司）同意，将租赁物（机械设备）进行抵押、转让、转租或投资入股的行为都是无效的，出租人有权收回租赁物，并要求承租人赔偿损失。因此，施工企业要正确履行融资租赁合同，及时支付租金，特别是在租赁期内不得擅自处理融资租赁的机械设备。

权在营销者的手中。在此期间营销者通过设备的出租也赚到了一定的资金。

第五节 购买者融资分析

消费者在购买工程机械设备时往往是为资金的原因会更加的倾向于二手工程机械的购买，但是二手的工程机械设备也不是便宜的，也是有着一定的价值的。这样在消费者购买时就会考虑到融资的问题。在消费者考虑的融资中常见的有长期租赁和分期购买以及灵活应用的方式。

一、长期租赁

在二手的工程机械购买中有的人会选择长期租赁的方式来购买。长期租赁也是销售市场上比较常见的方式，在工程机械市场更为常见。长期的租赁，当租赁期满之后，设备的所有权是销售者的，但是消费者也能出资购买所有权。这样的方式对刚刚创业的公司来说是非常有利的一个模式。同时在二手工程机械的市场有的工程量也是按照国家的有关政策来实行的，工程期以合同为标准。在租赁的模式下，消费者可以花少量的钱租来设备用来赚钱，当工程结束的时候设备的所有权在营销者的手中。在此期间营销者通过设备的出租也赚到了一定的资金。在长期租赁中，用户可以采用"借鸡下蛋"的模式，让营销者的机器来给自己赚钱，当工程结束了之后，设备的所有权仍然是属于营销者的，这个时候消费者可以依据自己的公司效益情况来选择机器的所有权，这样的模式对消费者来说是比较划算的一种。会确保设备不会留在自己手里，当需要的时候还可以选择再次租赁。

二、分期购买

消费者在购买二手工程机械的时候可能会选择分期购买的方式。当给营销者缴纳一定的费用的时候消费者可以拥有机器的使用权,当在合同规定的时间内交付完合同的购买款。此时,机器的所有权是消费者的。这样的购买方式适合于刚刚创业但是公司效益不错,在这个行业有着一定的发展潜力的公司来考虑。放弃购买与长期租赁不同的是在合同结束的时候,设备的所有权是不同的。但是放弃购买可以延缓消费者的购买压力,让消费者可以提早使用机器来赚取利益。

在购买时营销者要对消费者的资金成本进行合理预算,避免购买后造成合同的剩余款不能按时到位。同样对于消费者来说,在购买的时候要选择有保障的机器,避免在购买后出现机器的问题而造成纠纷。

三、灵活方法

在购买的时候面对不同的消费者可能会有不同的选择,前面说的两种是比较常见的购买模式。但是在面对不同的消费者的时候我们可能会依据消费者的需求来更改购买的模式。让消费者和营销者都获取利益。

同时,在不同的公司因为对客户的定位不同等原因,消费的模式也是不尽相同的。但是在消费者看来,选择适合自己的模式才是最好的消费模式。有的时候不是固定的消费模式就是适合所有的消费者的,在特殊的情况下,可以有着一定的变动,通过变动来适合不同消费者的需求。现在消费的购买模式中有着一定的套餐是可以选择的。

消费的模式是选择性的,消费者的融资也是可以选择的。常见的有:1. 银行贷款;2. 股东融资;3. 私人出资融资等。在常见的融资中都是针对消费者去制订融资方案,在消费者的购买选择中会有多种的融资方案可以选择。

在充分对自己的需求做出确认之后,可以依旧自己的需求来选择自己的融资方案,让自己的融资变得更加的合理化。

第六节 融资前景市场分析

一、行业需要

工程机械融资租赁的前景广阔。我国实行的西部大开发、振兴东北老工业基地,以及南水北调、西电东输、西气东输等重大工程,需要大量的设备投资,单靠银行贷款、直接购买,既行不通也不现实。通过融资租赁,即可满足上述地区、工程的投资需要,又能盘活东部发达地区的闲置设备、存量资产,促进中国设备制造业的发展。在新经济环境下,为数众多的中小企业由于贷款相对困难,对生产设备的融资租赁,对库存商品和闲置资产的租赁,表现出高度的热情。当下,对大多数中小企业来讲,贷款、上市这两条融资渠道尚难走通,融资租赁是中小企业解决融资难的现实选择。

目前,中国工程机械的租赁需求量仅占全国工程机械设备需求量的 10% 左右,与高达 80% 的相应的国际水平相距甚远。2004 年,美国租赁业对 GDP 的贡献已接近 2%,而我国仅为 0.17%。比例低正说明市场空间大。市场经济有一定的共性,对比发达国家,面对全国供、求市场都非常巨大的工程机械设备，工程机械租赁业发展前景是十分广阔的。

面对国内工程机械市场的激烈竞争，制造企业为了扩大自己产品的市场份额，采用了"分期付款"、"以租代购"或"先租后购"等灵活销售手段，有点类似融资租赁，但还不是具体的融资租赁业务。融资租赁进入我国虽然时间不短，但由于各方面的原因，其发展一直滞后于我国的经济发展，在工程机械领域的应用就更少，对目前具体业务的开展更是很少，基本上处于理论认知与实践探索阶段。除卡特彼勒（中国）融资租赁有限公司依托其全球融资租赁经验在中国市场为客户提供融资租赁服务外，国内现有的融资租赁公司涉足工程机械融资领域的并不多，而国内制造厂商开展融资租赁的更是很少，这与国外发达国家相差甚远。在融资租赁发展比较成熟的国家，租赁公司中的大部分是有银行或厂商背景的。

二、融资对行业的作用

融资租赁对工程机械企业的功能优势：工程机械制造商投资融资租赁公司，有着企业长远的战略考虑。因为现阶段相当多的制造商销售受到了很大的外部力量牵制，随时会有来自银行的不确定因素。尽管有了银行的介入，其风险控制的专业手段和给客户的心理压力确实有助于项目的风险控制；但当银行亦要求厂商、代理商提供回购担保时，信用风险的最终落脚点仍然落在了厂商和代理商身上。因此，当工程机械企业发展到一定阶段的时候，用自己的融资租赁公司改善销售产品的风险控制、降低销售门槛、提升产品市场占有率更为有效直接。

对于工程机械企业来说，融资租赁在法律上明确地界定了所有权问题。银行按揭是一个抵押担保问题，但是如果涉及承租人破产及三角债问题，从法律上来讲没有清晰地界定物权。而融资租赁过程中，法律已经十分清晰地界定了物权，只有当承租人缴纳完全部租金，并付清最后的设备残值费之后，设备的所有权才转移到承租人手中。融资租赁将所有权和使用权分离，一旦承租人不还租金，一可以收回物件；二可以保留债权，避免三角债；三可以处置担保资产。法律上，租赁物件不参与承租企业的破产清算，一旦承租人经营不善、企业破产，租赁物件不会灭失，债权不会全损，这样避免了许多不必要的纠纷。促销租赁创新模式的探寻过程，实际上就是金融租赁公司和厂商之间不断寻求共同创利方法的过程，厂商租赁创新必须服从于获取利润的需要，否则就失去了现实意义。

中国的工程机械市场和金融租赁市场都是世界上最大的潜在市场（《2004年世界租赁年报——中国分报告》）。从2000年以来，外国工程机械厂商、外国金融机构和投资者纷纷抢滩进入中国工程机械金融租赁市场。近年来，一些欧美大的跨国公司及其工程机械厂商开始进入中国租赁业。这些大公司介入中国融资租赁业的首要目的就是为推销他们的产品提供金融服务，以扩大市场占有份额。因此，国内企业要想在市场上保持并提高自己的市场占有率，必须结合实际借鉴国外制造商发展融资租赁业务的经验，引入融资租赁业务，抢占先机。

三、前景分析

在国内外经济持续走低的背景下，融资租赁业如何有效地为客户提供金融服务，在帮助企业畅通融资渠道的同时合理把控自身风险，促进行业健康可持续发展，成为亟待解决的问题。

目前，我国融资租赁渗透率现在比较低，不足4%。其中与产业结合最为紧密、市场渗透率最高的是工程机械融资租赁。融资租赁推动了我国工程机械行业中小企业发展，为经济复苏做出了应有的贡献。

融资租赁已经成为现代营销体系中不可缺少的重要组成部分，在工程机械行业表现得尤为明显。目前，采用融资租赁方式销售的工程机械占比超过30%，有的设备甚至超过50%。以向厦工机械经销商和用户提供融资租赁服务的海翼租赁为例，通过该企业融资租赁方式销售的挖掘机比例，高居所有销售方式之首。

受宏观经济影响，近年来，工程机械行业爆炸式的增长悄然远去，设备以旧换新以及二手设备的回收呈增长趋势，对二手设备的处置能力和后市场运作实力成为供应商厂、经销商和融资租赁公司协调、健康发展的关键。

跨国公司不仅拥有庞大的营销和售后服务体系，更大的优势在于拥有强大的后市场运作能力，其后市场资产规模、员工人数甚至超过制造业本身。工程机械制造企业的核心市场应当从产品转移到服务，生产型企业的后市场也将进入产业化经营，形成二手设备回收、加工、经销、进出口的产业链，向规模化经营发展。

本章习题

1. 融资租赁特点有哪些？
2. 融资租赁宏观经济作用有哪些？
3. 企业融资形式及特点是什么？
4. 二手工程机械融资租赁业务流程有哪些步骤？

第九章

二手工程机械交易

【学习目标】
一、学习重点
1. 二手工程机械交易要求。
2. 二手工程机械交易合同的基本准则。
二、学习难点
1. 交易合同的变更和解除。
2. 违约责任。

第一节 交易要求

二手工程机械买卖双方根据以下描述的销售（条款）总则提供交易的工程机械及服务。所有对于这些条款的变更都必须由买卖双方协商同意并且双方都接受。

一、合同和报价

在签订合同前，买方可以要求卖方提供合同或者一些参考。如果在合同中要求的信息不完整，买方可能会拒绝签订合同。

一旦合同签订，该合同就成为买卖双方的必须执行的具有强制性和法律效应的合同。

二、合同中的产品

合同中所约定产品的必须有说明：产品的规格、型号、数量、使用年限、生产厂家和可接受的付款条件。

三、交货方式及日期

产品的运输费不包含在价格中，除非有某些特殊认可的条款。

产品交货方式及日期必须是合同认可的。产品交货的延误必须既可认定合同取消，又能要求间接损害或者任何自然赔偿的损失。

合同中指明的交货日期买方签订合同时必须告知。

如果卖方因为不可抗力阻碍交货，卖方不必为任何导致给买方的责任负责。

四、价格和付款

含税价格及非含税价格在报价中明确予以通告，不含承诺和运输费用。

合同中的价格是买卖双方认可的交易价格，严禁不经任何预先告知而更改。任何税或关税由买方承担。

合同中约定了付款日期,如果延迟付款,卖方也许会要求一些罚款。这些罚款也许会是合法利率的1.5倍每个延迟月。

卖方保留产品的唯一所有权直到收到发票价格的全部付款,即使产品已经转卖给第三方。但是风险必须从交货开始时由买方承担。卖方也许会收回产品直到收到他们的全部付款。装运成本,或者其他任何卖方收回产品的必须成本由买方承担。卖方在收回后也许会采取进一步法律行为。

五、产品质量

卖方不对任何由产品使用或不足导致的任何偶然、间接或特殊损失负责。即使卖方已经告知此损失的可能性,包括但不限于以下责任:使用的损失,工作过程中和停工期的损失,收入或利润、变现储蓄失败的损失,买方产品或其他使用或买方由此损失需向第三方承担的责任,或对任何劳工或任何其他的费用,由此产品引起的包括人员受伤或财产损失的损害或损失,除非此人员受伤或财产损失由卖方的明显疏忽引起。

六、退货

任何投诉必须在产品交货日后7天内收到。买方必须在等候卖方指令时保持产品的对卖方可供性。产品在没有得到卖方预先同意时不能退回。

七、安全和责任

卖方负责警告和通知任何可能接触该产品的人员在接触该产品时的潜在风险和会对人造成的伤害。

八、总则

如果任何条款的规定包含任何主管部门认为全部或部分无效或可实施,这些条款的其他条件有效性和这些规定的剩余争论部分不能发生作用。

这些条款必须符合中国法律,并且中国法庭拥有得悉双方任何争议的独家司法权。

第二节 交 易 合 同

一、订立二手工程机械交易合同的基本准则

二手工程机械交易合同是指二手工程机械经营公司、经纪公司与法人、其他组织和自然人相互之间为实现二手工程机械交易的目的,明确相互权利义务关系,所订立的协议。

订立交易合同时须遵守以下基本原则。

1. 合法原则

订立二手工程机械交易合同,必须遵守法律和行政法规。法律法规集中体现了人民的利益和要求。合同的内容及订立合同的程序、形式只有与法律法规相符合,才会具有法律效力,当事人的合法权益才可得到保护。任何单位和个人都不得利用经济合同进行违法活动,扰乱市场秩序,损害国家和社会利益,牟取非法收入。

2. 平等互利、协商一致原则

订立合同的当事人法律地位一律平等，任何一方不得以大欺小、以强凌弱，把自己的意愿强加给对方，双方都必须在完全平等的地位上签订二手工程机械交易合同。二手工程机械交易合同应当在当事人之间充分协商、意思表示一致的基础上订立，采取胁迫、乘人之危、违背当事人真实意志而订立的合同都是无效的，也不允许任何单位和个人进行非法干预。

二、交易合同的主体

二手工程机械交易合同主体是指为了实现二手工程机械交易目的，以自己名义签订交易合同，享有合同权利、承担合同义务的组织和个人。根据《中华人民共和国合同法》的规定，我国合同当事人从其法律地位来划分，可分为以下几种。

1. 法人

法人是指具有民事权利能力和民事行为能力，依法独立享有民事权利和承担民事义务的组织。

它必须具备以下条件。

① 依法成立。

② 有必要的财产或经费。

③ 有自己的名称、场所和组织机构。

④ 能够独立承担民事责任的企业法人、机关法人、事业单位法人和社会团体法人。

2. 其他组织

其他组织是指合法成立、有一定的组织机构和财产，但又不具备法人资格的组织，如私营独资企业、合伙组织和个体工商户。

3. 自然人

自然人是指具有完全民事行为能力，可以独立进行民事活动的人。

三、交易合同的内容

1. 主要条款

① 标的。指合同当事人双方权利义务共同指向的对象，可以是物也可以是行为。二手工程机械交易合同的标的是被交易的二手工程机械。

② 数量。

③ 质量。是标的内在因素和外观形态优劣的标志，是标的满足人们一定需要的具体特征。

④ 履行期限、地点和方式。

⑤ 违约责任。

⑥ 根据法律规定的或按合同性质必须具备的条款及当事人一方要求必须规定的条款。

2. 其他条款

它包括合同的包装要求、某种特定的行业规则和当事人之间交易的惯有规则。

四、交易合同的变更和解除

1. 交易合同的变更

交易合同的变更，通常是指依法成立的交易合同尚未履行或未完全履行之前，当事人就其内容进行修改和补充达成的协议。

交易合同的变更必须以有效成立的合同为对象,凡未成立或无效的合同,不存在变更问题。交易合同的变更是在原合同的基础上,达成一个或几个新的合同作为修正,以新协议代替原协议。所以,变更作为一种法律行为,使原合同的权利义务关系消灭,新权利义务关系产生。

2. 交易合同的解除

交易合同的解除,是指交易合同订立后,没有履行或没有完全履行以前,当事人依法提前终止合同。

3. 交易合同变更和解除的条件

合同法规定,凡发生下列情况之一,允许变更或解除合同。
① 当事人双方经协商同意,并且不因此损害国家利益和社会公共利益。
② 由于不可抗力致使合同的全部义务不能履行。
③ 由于另一方在合同约定的期限内没有履行合同。

五、违约责任

违约责任,是指交易合同一方或双方当事人由于自己的过错造成合同不能履行或不能完全履行,依照法律或合同约定必须承受的法律制裁。

1. 违约责任的性质
① 等价补偿。凡是已给对方当事人造成财产损失的,就应当承担补偿责任。
② 违约惩罚。合同当事人违反合同的,无论这种违约是否已经给对方当事人造成财产损失,都要依照法律规定或合同约定,承担相应的违约责任。

2. 承担违约责任的条件
① 要有违约行为。要追究违约责任,必须有合同当事人不履行或不完全履行的违约行为。它可分为作为违约和不作为违约。
② 行为人要有过错。过错是指当事人违约行为主观上出于故意或过失。故意,是指当事人应当预见自己的行为产生一定的不良后果,但仍用积极的不作为或者消极的不作为希望或放任这种后果的发生;过失是指当事人对自己行为的不良后果应当预见或能够预见到,而由于疏忽大意没有预见到或虽已预见到,但轻信可以避免,以致产生不良后果。

3. 承担违约责任的方式
① 违约金。指合同当事人因过错不履行或不适当履行合同,依据法律规定或合同约定,支付给对方一定数额的货币。

根据《合同法》及有关条例或实施细则的规定,违约金分为法定违约金和约定违约金。
② 赔偿金。指合同当事人一方过错违约给另一方当事人造成损失超过违约金数额时,由违约方当事人支付给对方当事人的一定数额的补偿货币。
③ 继续履行。指合同违约方支付违约金、赔偿金后,应对方的要求,在对方指定或双方约定的期限内,继续完成没有履行的那部分合同义务。

违约方在支付了违约金、赔偿金后,合同关系尚未终止,违约方有义务继续按约履行,最终实现合同目的。

六、合同纠纷处理方式

合同纠纷,指合同当事人之间因对合同的履行状况及不履行的后果所发生的争议。根据《合同法》及有关条例的规定,我国合同纠纷的解决方式一般有协商解决、调解解决、仲裁和诉讼四种方式。

1. 协商解决

协商解决是指合同当事人之间直接磋商,自行解决彼此间发生的合同纠纷。这是合同当事人在自愿、互谅互让基础上,按照法律、法规的规定和合同的约定,解决合同纠纷的一种方式。

2. 调解解决

调解解决是指由合同当事人以外的第三人(交易市场管理部门或二手工程机械交易管理协会)出面调解,使争议双方在互谅互让基础上自愿达成解决纠纷的协议。

3. 仲裁

仲裁是指合同当事人将合同纠纷提交国家规定的仲裁机关,由仲裁机关对合同纠纷作出裁决的一种活动。

4. 诉讼

诉讼是指合同当事人之间发生争议而合同中未规定仲裁条款或发生争议后也未达成仲裁协议的情况下,由当事人一方将争议提交有管辖权的法院按诉讼程序审理作出判决的活动。

七、二手工程机械交易合同的种类

二手工程机械合同按当事人在合同中处于出让、受让或居间中介等不同情况,可分为二手工程机械买卖合同和二手工程机械居间合同两种。

1. 二手工程机械买卖合同

① 出让人(出售方):有意向出让二手工程机械合法产权的法人或其他组织、自然人。

② 受让人(购买方):有意向受让二手工程机械合法产权的法人或其他组织、自然人。

2. 二手工程机械居间合同(一般有三方当事人)

① 出让人(出售方):有意向出让二手工程机械合法产权的法人或其他组织、自然人。

② 受让人(购买方):有意向受让二手工程机械合法产权的法人或其他组织、自然人。

③ 中介人(居间方):合法拥有二手工程机械中介交易资质的二手工程机械经纪公司。

下例为二手摊铺机和挖掘机买卖合同范本。

二手摊铺机买卖合同

合同编号：_____

签订时间：_____年____月____日

订立合同双方：

买方：_____（以下简称甲方）身份证号_____

卖方：_____（以下简称乙方）身份证号_____

第一条　其产品名称_____规格质量_____单价_____

第二条　货款及费用等付款方式_____

第三条　交货规定

1. 交货方式：_____
2. 交货地点：_____
3. 交货日期：_____
4. 运输费：_____

第四条　经济责任

1. 乙方应负的经济责任

（1）产品交货时间不符合同规定时，每延期一天，乙方应偿付甲方以延期交货部分货款总值百分之____的罚金。

（2）乙方未按照约定向甲方交付提取标的物单证以外的有关单证和资料，应当承担相关的赔偿责任。

第五条　本合同在执行中如发生争议或纠纷，甲、乙双方应协商解决，解决不了时，双方可按下列方式处理：

2. 依法向新泰市人民法院起诉

第六条　本合同自双方签章之日起生效。

第七条　本合同一式_____份，由甲、乙双方各执正本一份、副本____份。

订立合同人：

甲方：_____（盖章）乙方：_____（盖章）

地址：_____　　地址：_____

电话：_____　　电话：_____

二手挖掘机车买卖合同

合同编号：_____

签订时间：_____年___月___日

卖出人（以下简称甲方）：

买受人（以下简称乙方）：

依据有关法律、法规和规章的规定，甲、乙双方在自愿、平等和协商一致的基础上，就买卖和完成其他服务事项，签订本合同。

第一条　当事人及车辆情况

（一）甲方基本情况：_____

自然人身份证号码：_____

现居住地址：_____

联系电话：_____

（二）乙方基本情况：

自然人身份证号码：_____

现居住地址：_____

联系电话：_____

（三）卖出车辆基本情况：_____及相关配件。颜色____购买日期_____，车架号码_____。

第二条　价格：

经双方协商该车的转让价为人民币￥_____元（大写：_____元。

第三条　双方的权利义务

（一）甲方保证卖出挖掘机及DBB破碎锤的合法性以及不存在任何权属上的法律问题；应提供车辆真实情况和信息。在乙方购买之日起，挖掘机以前所有的债权债务由甲方负责，乙方不承担任何费用。

（二）甲方应提供该车的各类证明、证件并确保真实有效。乙方将一次性付清余款，该机产权属乙方所有。

第四条　违约责任

违反本合同第三条第1款，乙方有权解除本合同，甲方应无条件接受退回的车辆并退回乙方全部车款并赔偿乙方相应的一切损失。

第五条　争议解决方式

因本合同发生的争议，由双方协商解决，调解不成的，可向成都市锦江区人民法院起诉。

第六条　其他

本合同未约定的事项，按照《中华人民共和国合同法》以及有关的法律、法规和规章执行。本合同经双方当事人签字或盖章后生效。本合同一式两份，由甲方、乙方各执一份，具有同等法律效力。

甲方（签章）：　　　　　　　　　　　乙方（签章）：

　年　　月　　日　　　　　　　　　　　年　　月　　日

本章习题

1. 简述二手工程机械交易的要求有哪些？
2. 简述二手工程机械交易合同的基本准则有哪些？
3. 简述合同纠纷的处理方式有哪些？

第十章

二手液压挖掘机评估实例

一、概要

1. 目的

当前中国正处在急速发展的时代,广阔的中国大地将成为一个大型的循环市场。为了在中国占有一席之地,提高自己品牌的占有率,各工程机械制造厂家将进入到一个激烈竞争的时代。这会导致如二手车的"以旧换新"工作出现高价收取等一系列收购条件的混乱现象发生。因此,制订二手车的评估标准,并根据评估内容对评估机械进行公正严明的价格评估就显得尤为重要。对于二手工程机械进行良好的评估,其目的和措施主要有以下几点:

1) 强化行业内的流通。
2) 统一代理商看待二手车的角度。
3) 为了对设备质量进行必要的保证,建设翻修工厂。
4) 得到用户对评估标准的信赖,提高销售量。

2. 组织

现在行业内很多集团或公司都设立了二手车事业发展部,对二手车事业进行统一管理。另外,很多工程机械集团或公司还设立了机械更新制造有限公司(NKR),与二手车事业发展部联合对二手车事业发展进行工作。

3. 工作内容

为了达成已定目标,二手车评估小组主要进行对评估标准(评估要领、评估价格)的修改,对工程机械制造编号情报的收集、评估鉴定书的审查、管理、分析,二手车销售台数、价格以及设备翻新价格等有关的市场的调查以及评估资料的制作、实施对评估员的评估方法和提高评估技术水准的培训等工作。

二、基本知识

1. 评估

(1) 评估的必要性

虽然是同一机型、同一时期制造的设备,但是因为使用的条件、工作时间、保养管理的不同,也会产生不同的状态,因此设备的价格也随之会产生差异。

(2) 评估的性质

① 评估是指对评估的二手机械技术性能、基准价格进行评估,按照所规定的评估基准进行比较、讨论,从而评定出被委托评估二手机械的公正价值。

② 评估是以行业制订的评估标准为依据,通过二手机械的性能、外观、形状等方面作出公正的评判,从而得到用户的理解和信赖。

③ 评估工作需要公开、公正地进行,主要对机械的性能、价格、使用寿命、维修价格

等进行评定。

（3）对象机种

本案例是以PC200级挖掘机为例，进行评估。其他机型挖掘机与PC200挖掘机的评估内容相似，但是由于零部件价格及修理难易程度的不同，对加减额（点数）会有相应的改变。

2. 评估价格的计算

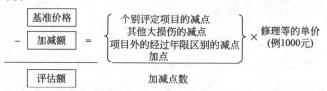

但是，这样的评估额不一定就是折旧价，具体价格要根据区域性、占有率等因素，由各代理店进行判断。

3. 基准价格

（1）基准价格的定义

基准价格是指评估基准所记载的全国代理商的平均值、评定的参考价格。

基准价格是指完成维修的标准规格二手车的价格。

（2）废气排放

机械二手市场对废气排放未进行处理的机械设备，在价格方面还无明确规定，但随着今后的发展，对废气排放标准的制定，会导致市场价格产生波动。

4. 加减点

（1）个别评估项目的减点

为了判定维修前的评定机械的状态及现象，对每个评定项目规定了可以决定评价的点数。

（2）其他较大损伤的减点

适用于在评定项目以外的部位，需要花费极多的维修费的情况时。

例：喷射泵、散热器、减振器、履带调整装置、控制阀、液压油箱、燃料箱、电子控制装置，以及监控器不良、中心接头内部漏油、其他高额零配件的破损等，或者是经过特殊改造，但又需恢复至原来样子，这样一些花费较大的情况。

（3）使用年限区别的减点

以原来的评定实际作为参考，对于各部位的一般性检查、调整、油的更换等维修费以及下面所列部位小维修（部分零件的更换、漏油修理、消耗器更换等）的维修费用。根据规格、年限的不同，设定平均值。

因而，这类的维修费（减点）全部包括在使用年限区别的减点中。

（4）加点

在装有标准规格以外的铲斗时，将铲斗作为欠缺处理，但将装有标准铲斗另作评定后加点。

除装有标准铲斗以外，还拥有别的铲斗类时，按其他的方式评定后加分。破碎锤等特殊附属件也是可以进行加点的。

5. 报废的评估

（1）报废评估对象

① 机械的损坏程度非常大，被认为没有再利用价值的。
② 根据销售政策，零件已无法取得的情况下。
(2) 报废评估额的计算
① 报废评估额的计算方法是，通过评估机总质量（吨数）和评定时的报废市场行情算出。
② 注意：报废市场行情是波动的，因地方的不同，价格也有差距。

三、评定的实际业务

1. 评定要求

(1) 基本事项

① 在评定时，一定要向操作人员或机械设备的管理者予以确认，询问机械设备状况、保养管理、工作经历、修理经历等相关事宜。

② 机械检查，是指外观各部位的损伤、损耗、机能状况，按检查的要领予以实施。应注意不要发生判断错误及检查遗漏等事宜。另外，必须通过实际运行进行机械设备的检查，如果发动机无法启动，就无法对机械设备进行评估，事前应与机械设备管理者进行确认。评估的判断是根据评估表中记载的现象实施的，不要仅拘泥于数值减点来对机械进行判定。

(2) 安全事项

1) 在评定现场内，穿戴安全防护（工作服、安全帽、安全鞋等），严格执行驾驶基本操作，充分注意安全。

2) 确认评定场地的条件是否具备。

① 在坚硬平整土地上进行评定。

② 作业范围内无障碍物及落下物。

(3) 发现机械设备对驾驶有产生影响的损伤时，应停止驾驶。

① 驾驶操作前的注意事项。检查周围的安全、作业装置的位置、操作杆的状态；检查发动机机油、冷却液、液压油油压；高压油管、配管的裂痕、损伤情况等。

② 驾驶操作中的注意事项。驾驶开始时对仪表、计时器等进行观察，了解各部位的工作状况，并确认异音、振动情况等。

③ 驾驶操作后的注意事项。驾驶操作后，应回到操作前的正规状态，包括工作装置、操纵杆的位置、旋转锁、主要开关、门锁等。

2. 评估记录

在评估过程中要认真、详细地做好评估记录，通常以评估表的形式进行记录，评估表见表10-1。

3. 评定时应注意事项

1) 各评定项目基本相似，当出现该现象时，全部的现象点上都应画"○"。另外，在发动机、液压马达、液压泵、工作时间（以下称计时器）的项目上也应画"○"。计时器发生故障或被更换过时，根据所经过年数、各部位的损伤程度、修理经历以及从驾驶员处所得到的信息进行推测。另外，在评估表计时器栏中写上"推定"字样。

2) 减点点数的计算方法：

① 同一项目各现象予以大点数减点。

表 10-1 液压挖掘机评估表

项目			机械的状态				减点	2013年3月21日	
发动机		无异常不满6000Hr	漏油、漏水6 6000Hr 6	下排气吹到15 10000Hr 10	汽缸头开裂	输出概率小机油浑浊35	更换70	0	评估车序号：2013-13002	
回转装置		无异常	螺栓松动3	旋转横向摆动大	中心J 漏油4	轴有小间隙螺栓折断24	更换轴承60	0	评估员：	
工作装置	动臂	无异常	变形、龟裂小、有加修痕迹 销子衬套磨损大6		变形、龟裂大 加修不良15		更换50	0	评估员No： 评估员TEL：	
	斗杆	无异常	变形、龟裂小、加修痕迹 销子衬套磨损大4		变形龟裂大加修不良 铲斗安装孔磨损9		更换35	0	联系TEL： 此评估车属以下情况	
	铲斗	无异常	齿磨损大2 侧刃板 侧面刃板	侧刃磨损大2 磨损大2更换7 磨损大2更换7	齿座不良4 侧板变形龟裂4换帖7 底板变形龟裂3换帖6	安装孔磨损6	更换特殊铲斗欠品22	0	1. 以旧换新 2. 问题车辆回收 3. 自购车辆 4. 债权车	
行走部分	驱动轮	右	无异常	齿面磨损(5mm)以上3		齿面磨损大、更换8		0	制造厂：现代江苏 机型：R455LC-7	
		左	无异常	齿面磨损(5mm)以上3		齿面磨损大、更换8			机号：H45L70349	
	引导轮	右	无异常	漏油、内径有间隙、外径磨损4		内径间隙大更换13		0	制造：	
		左	无异常	漏油、内径有间隙、外径磨损4		内径间隙大更换13			时间表(准推)460	经过2年
	支重轮		无异常	漏油(个)*1=( )		磨损更换(个)*1=( )		0		
	链节		无异常	拉伸 1/3以上 6 龟裂 1/4以上 24	2/3以上 12 1/4以上 24	超过调整限度范围18	更换链总成32	0	现装着铲斗	
	履带		无异常	翘曲 5~9mm 12 破损 1~4枚 3 螺栓松动 半数未满 3	10mm以上 24 5~9枚 16 半数以上 6		全数更换32	0	斗杆 长	标准 短
液压装置	动臂油缸	左	无异常	漏油小修理3.5		活塞杆(伤痕、剥离、弯曲)9	更换12	0	履带 齿型/平面/三角/ 橡胶标准宽加宽	
		右	无异常	漏油小修理3.5		活塞杆(伤痕、剥离、弯曲)9	更换12		发动机	型式 No:35280558
	斗杆油缸		无异常	漏油小修理3.5		活塞杆(伤痕、剥离、弯曲)9	更换12			
	铲斗油缸		无异常	漏油小修理3.5		活塞杆(伤痕、剥离、弯曲)9	更换12		油漆	标准色/指定色(橘黄)色
	旋转马达		无异常不足6000Hr	漏油5 6000Hr 6	制动超程大12 10000Hr 9	动作不良30	减速机不良30	0		
	行走马达	右	无异常不满5000Hr	漏油4 5000Hr~ 4	— 8000Hr~ 6	动作不良走偏25	减速机不良29	0		
		左	无异常不满5000Hr	漏油4 5000Hr~ 4	— 8000Hr~ 6	动作不良走偏25	减速机不良29			
	液压泵(活塞/齿轮)		无异常不满5000Hr	漏油4 5.000Hr~ 6	— 8000Hr~ 9	机能低下齿轮泵10 单泵30 双泵50		0		
外观	驾驶室	无异常	玻璃 坐席 内饰	破损(小1、大2) 小修理2 破裂破损4 破损2	窗框 驾驶室 门	变形2 更换4 变形腐蚀(小4、大9) 变形腐蚀(小2、大4)更换6		0	特记：	
	罩类	无异常	左 右	变形腐蚀(小1、大3) 变形腐蚀(小1、大3)	发动机裙边变形	变形腐蚀(小2、大6) 单侧4 双侧7		-3		
	上下机	轻微损伤1		变形龟裂小4		变形龟裂大(估计点数)		-4		
	油漆	良好1		普通锈蚀少6		锈蚀大指定色12		-6		
	空调	有风吹出但不制冷			更换欠品损坏无风吹出无使用价值需8			0		
	其他大损			(估计点数)						
经过年限区别减点		2年止 0	2~3年 11个月 3	4~5年 11个月 6	6~7年 11个月 8	8~9年 11个月 10	总减点	-13	特记主要记住内容： 1. 主要工作经历 2. 修理经历 3. 设备成色补充说明 4. 配有特殊装置说明	
产品名称 铲斗类		优良	良	不良	不可		加点 合计	0 -13		

② 合算现象的点数。
③ 合算现象点数和计时器点数。
④ 根据现象与不良的个数，计算出减点，予以合算。

用上述的评定项目，在有大修或有零件更换的情况下，根据大修、更换零件后的工作时间来进行判定。

四、液压挖掘机的评估表

(一) 发动机

记录工作现象和计时器数据，合算现象点中数值最大的减点和计时器的减点。但是，相当于需要大修的输出力低下、油浑浊、总成更换等的情况时，只是作为各自的减点，其他的现象及计时器的减点不予加入。

项目	机械的状况				减点
发动机	无异常	漏油　漏水 6	下排气　汽缸头开裂 倒吹 15　　15	输出功率小 机油浑浊 35	更换 70	21
	不满 6000Hr	6000Hr　6	10000Hr　10		

计时器为 6000Hr 的机械，有漏油、漏水、缸头开裂的情况下，如上表所记载的那样，给此计时器以及各现象项目画上"〇"在减点数值最大的项目"15"画上"〇"算出点数。

　　　　汽缸头开裂　　15
　　　　6000Hr　　　　 6
　　　　减点计　　　　21

(1) 漏油、漏水

检查对象及部位：缸头垫、前油封、后油封、油底壳、水泵、高压油泵。

注：略微渗出不减点。

(2) 下排气严重

检查点及现象：从通气管吹出的气压大的机械，另有漏油现象机械（特别注意 7000Hr 以上机械）的检查。

(3) 倒吹

检查点及现象：缸头的开裂、缸头垫的损伤等造成燃烧气体跑进冷却系统，使散热器出现气泡。预热运转后，在发动机急速的状态下，打开散热器盖，确认气泡的冒出情况。

(4) 汽缸头开裂

检查点及现象：汽缸头开裂的现象从外观上就能得到判断。

(5) 输出力低下

检查点及现象：

① 没有达到所规定的输出力。
② 加大节气门开度后，排气颜色变蓝。
③ 同时操作大臂和铲斗，溢流时，发动机转速急速下降的。
④ 单边回转、原地回转慢或不能转动的。

(6) 机油浑浊

检查点及现象：

① 机油浑浊是因为冷却液混入发动机机油中，说明内部有漏水现象。

② 通过油位尺进行检查。如油色呈不透明的灰色，就可以判定为机油混浊。

③ 注油盖的内部带有水滴。

补充：关于水泵和高压油泵，在需要在大修时记入到"其他的大损伤"项目中

（二）回转装置

确认记录现象，现象点中根据数值最大的点数进行减点。

对于固定螺栓松动和固定螺栓折断，不考虑它的数量。

项目	机械的状态						减点
旋转装置	无异常	螺栓松动 3	旋转横向摆幅大 6	中心-J漏油 4	螺栓折断轴承有小间隙 24	轴承更换 60	24

例如：固定螺栓松动与折断的情况下，在各现象项目上用"○"圈上，减点是在数值最大的项目"24"上画"○"后记载入减点栏内。

1. 旋转横向摆幅大

现象：旋转的横振幅是因旋转小齿轮的磨损、损伤及回转齿圈的磨损、损伤而产生旋转方向的间隙如图 10-1 所示。

检查点：如图 10-1 所示，让机械斗杆垂直，铲斗（凿端）离地 5~10cm，用手向旋转方向推铲斗。同时铲斗、斗杆、动臂、销周围的间隙可以进行判定。

判定：如果旋转间隙的幅度相当于铲斗齿的一个半的幅度以上时，就可以判定为旋转横幅过大。

2. 中心接头漏油

从中心接头的外部就能看到漏油情况。

3. 轴承有小间隙

检查点：如图 10-2 所示的姿势，让斗杆做 20~30cm 的上下动作。

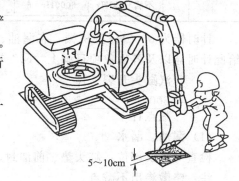

图 10-1 旋转方向的间隙

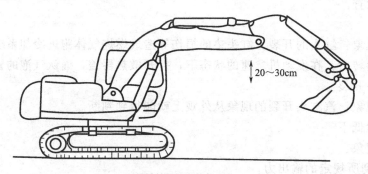

（保持前后平衡的状态）

图 10-2 姿势

判定：操作员感觉到有晃动的（不满 3mm），就可以判定为轴承有小间隙，如图 10-3 所示。

检查点：如图 10-3 的状态，偏摆晃动"大"的情况时用图 10-5 的姿势（用铲斗将机身顶起）来测量轴承座圈的间隙，查看同图 10-4 状态的差别。

图 10-3 轴承有小间隙

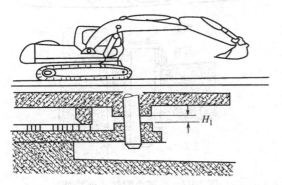

图 10-4 正常状态

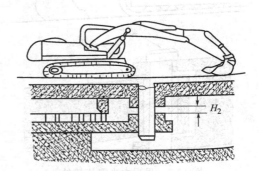

图 10-5 偏摆晃动"大"时

判定：1) 有 3mm 以上的差时（注不到 3mm 的作为有小间隙）。

2) 明显需要更换的情况。

检查点：图 10-2 的状态，发动机低速运转时进行回转动作，有个别地方发出杂音。

判定：可判定为旋转轴承不良，应进行"轴承交换"工作。

旋转轴承外部封圈的损伤、脱落包含在经过年限区别的减点中，动臂、斗杆，见表 10-2。确认记录现象，现象点中用数值最大的点数作减点数额。

表 10-2 动臂、斗杆机械状态异常表

项目	机械的状态			减点
动臂	无异常	变形、龟裂小、有加修痕迹销衬套磨损大 6	变形、龟裂大、加修不良 15	更换 50	15
斗杆	无异常	变形、龟裂小、有加修痕迹销衬套磨损大 4	变形、龟裂大、加修不良铲斗安装孔部位磨损大 9	更换 35	9

如表 10-2 所示，动臂、销衬套的磨损大、焊接加修不良时，各现象用"○"圈出，减点是在数值大的项目"15"上画"○"后记入减点栏内。

(1) 有加修痕迹

检查点：有加修痕迹是指，因修理而焊加强板时有较大的焊接修理痕迹，是正规的修补。

(2) 加修不良：加修不良是指未按修理标准，修补不完整的应急措施。

(3) 销衬套磨损大

检查点：把铲斗置于地面上，让动臂只做上下运动，以目视检查接头上部的松动情况如图10-6、图10-7所示。

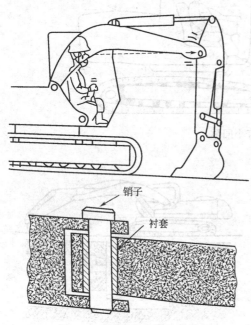
图10-6 目视大小臂连接处

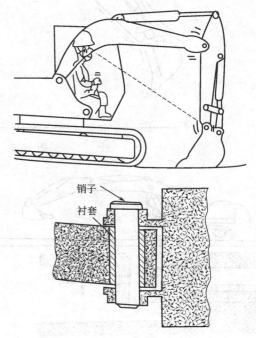
图10-7 目视小臂铲斗连接处

判定：销衬套的磨损较大的。

(4) 铲斗安装部分磨损较大（见图10-8、图10-9）

首先按图10-8的停机方式将挖掘机停好，并具体检查如图10-9所示部位。

检查点：斗杆前孔部分的内径磨损

① 斗杆前孔内部需要进行堆焊机加工的。

② 前段部分需要进行切除更换的。

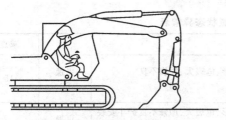
图10-8 检查时的停机方式

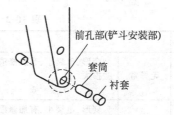
图10-9 具体检查部位

(三) 铲斗

确认记录现象，合算各现象点。但是，当合算点数超过铲斗更换（特殊铲斗、欠品）的点数时，以更换的点数作为限度。

项目	机械的状态					减点
斗	无异常	齿磨损大 2	侧刃磨损大 2	齿座不良 4	安装孔磨损 6	更换特殊铲斗欠品 22	22
		铲刃板 磨损大2 更换7		侧板变形、龟裂4 换帖7			
		侧面刃板 磨损大2 更换7		底板变形、龟裂3 换帖6			

例：各个项目检查后，合计点数为"27"，超出了更换的数值。因此，按更换的数值"22"记入减点栏内。

(1) 齿、侧刃的磨损大

检查点：前端部的磨损在正规的1/2以下的情况。

(2) 齿座不良

检查点：

① 齿脱落时，齿装接部磨损大的。

② 齿装接的状态，齿与齿座间隙较大的。

(3) 安装孔的磨损

检查点：支架的前孔部因磨损而产生较大间隙的。

(4) 铲刃板更换

检查点：

① 有裂缝的。

② 铲刃板部磨损较大的。与相邻斗齿间已磨损成半圆形的。

(5) 侧面刃板更换

检查点：

① 侧刃板部安装部位的螺栓孔部有磨损的。

② 有裂缝的。

(6) 侧板、底板替换

检查点：

① 有孔的。

② 变形、磨损较大的。

(7) 标准外的处理

装有标准规格以外的铲斗时，铲斗项目作欠品处理，装配标准外铲斗按其他途径予以评定加点。

(四) 驱动部分

确认记录现象，在现象点中，以数值最大的点数作为减点数额。

项目			机械的状态		减点
驱动轮	右	无异常	齿面磨损(5mm以上) 3	齿面磨损大、更换 8	11
	左	无异常	齿面磨损(5mm以上) 3	齿面磨损大、更换 8	

(1) 齿面磨损

检查点：以目视的方法检查齿两面的磨损情况，如图10-10所示。

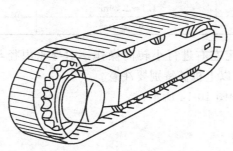

图10-10 正常轮转动面状态

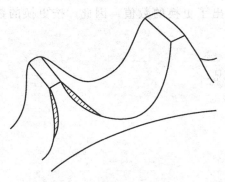

图10-11 齿面磨损成弓形

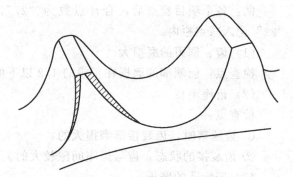

图10-12 齿面磨损削尖时

驱动部分判定内容如下：

① 齿面磨损成弓形时（见图10-11）判定为齿面磨损5mm以上。尺端破损小、且破损个数较少时，作为齿面磨损5mm以上判定。

② 齿面磨损削尖时（见图10-12）判定为齿面磨损大。

(2) 尺端的破损

确认记录现象，在现象点中以数值最大的点数作为减点数额。

项目			机械的状态			减点
引导轮轮	右	无异常	漏油、内径有小间隙、外径磨损大 4	内径间隙大、更换 13		17
	左	无异常	漏油、内径有小间隙、外径磨损大 4	内径间隙大、更换 13		

① 外径磨损大（5mm以上）。正常轮转动面如图10-10所示，以轮转动面的磨损在5mm以上（见图10-13）作为对象。

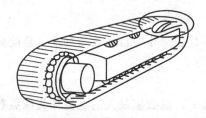

图10-13 轮转动面的磨损在5mm以上

规格(新JIS)		H尺寸/mm
6～7.9t	0.22～0.34m³	14～16
8～15.9t	0.35～0.69m³	16～18
16～23.9t	0.7～1.09m³	19～20
24～39.9t	1.1～1.79m³	20～24
40～50t	1.8～2.2m³	22～25

② 内径有小间隙。判定左右进行小转向操作，引导轮内径与引导轮轴之间有间隙的，特别是工作时间在5000Hr以上机械特别要注意。

引导轮内径测试方法如图10-14所示：

③ 内径有大间隙。

判定：行走时出现异音。

补充：履带调节（支架、弹簧、油缸、螺栓、杆等）破损时计入其他大的损伤项目内。

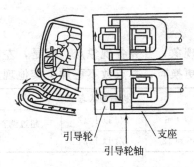

图 10-14 引导轮内径测试方法

转轮（支重轮、拖链轮）：检查上、下各轮，确认漏油个数、外径磨损个数、需要更换个数，合算各减点数值。但是，如果明显需要更换的，不含在漏油、外径磨损的个数之中。

项目	机械的状态			减点
转轮	无异常	漏油(4个)×1=4	磨损/更换(8个)×1=(8)	12

例：当有 4 个漏油、8 个外径磨损 4mm 以上或需要更换的情况下。

漏油　　　　　　　(4个)×1=4
外径磨损/更换　　 (8个)×1=8
———————————————————
减点计　　　　　　　12

④ 漏油

检查点：滚轮外部漏油。

注：内侧部分不要遗漏检查。

⑤ 外径磨损（3～5mm 不满）

检查点：链节接触面呈凹面状磨损的，如图 10-15 所示。

⑥ 更换

内径间隙大的；

链轨磨损较明显的，如图 10-16 所示。

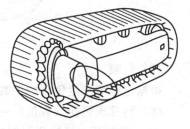

图 10-15 链节接触面有磨损（呈凹面状）

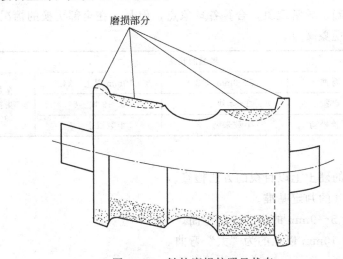

图 10-16 链轨磨损较明显状态

外径磨损 5mm 以上的。

（五）链节

左右部分都需要确认记录现象，合算各现象点。但是，左右现象有差异时，合算减点数值大的一方。另外，当链总成更换时，其点数不再加上其他现象的减点数额。

项目	机械的状态					减点
链节	无异常	拉伸	1/3 以上 6	2/3 以上 12	超过调整限度范围 18	更换链总成 32	24
		龟裂	1/4 不到 12	1/4 以上 24			

(1) 拉伸基准的判定

设定链带正规拉伸的状态，根据轴受力的端面的位置予以判定，观察图 10-17 所示位置。

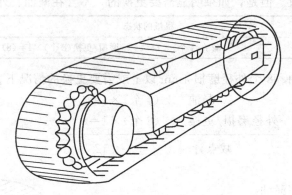

图 10-17 拉伸基准判定观察部位

(2) 龟裂

根据全链节发生龟裂的个数予以判定。

(3) 链总成更换（数量：一台）

① 一节锈死，且达到了调整限度的。

② 销衬套的磨损较明显的，需要进行大修的。

（六）履带

左右部分都需要确认异常现象，合算各现象点，但是，在全部更换的情况时，只取其点数，不再增加其他的现象减点。

项目	机械的状态					减点
履带	无异常	弯曲	5～9mm 12	10mm 以上 24	全数更换 32	15
		破损	1～4 块 3	5～9 块 6		
		螺栓松动	半数未满 3	半数以上 6		

(1) 弯曲

检查点：在水平的硬土上以目视的方法检查。

判定：以下是尺寸的判定基准。

① 横跨整体测量 5～9mm 的为"小"弯曲。

② 横跨整体测量 10mm 以上的为"大"弯曲。

(2) 破损

判定:根据龟裂、破损、欠缺的块数来判定的。

注:① 履带角部有小缺陷的是不作为破损来处理的。

② 三角履带的穿孔是作为破损来处理的。

③ 在有10块以上破损的情况下要加算1~4块的减点。

(3) 螺栓松动

检查点:履带固定螺栓的松弛、拉伸会使履带出现间隙。

补充:铁履带装有橡胶垫的情况下,以铁履带式样进行鉴定,对于橡胶垫的好坏不作为评定对象。但橡胶垫损伤大,在使用的情况下会降低商品的价格时,应对拆除费用进行预算,并记入其他的大损伤栏目并进行减点。

(七) 液压油缸

确认记录现象,在现象点内以数值最大的点数作为减点额。

项目		机械的状态			减点
动臂油缸	右	无异常	漏油小修理 3.5	杆(伤、镀层剥落、弯曲) 9	更换 12	
	左	无异常	漏油小修理 3.5	杆(伤、镀层剥落、弯曲) 9	更换 12	33.5
斗杆油缸		无异常	漏油小修理 3.5	杆(伤、镀层剥落、弯曲) 9	更换 12	
铲斗油缸		无异常	漏油小修理 3.5	杆(伤、镀层剥落、弯曲) 9	更换 12	

(1) 漏油

检查点以及判定:判定油缸内、外部的漏油情况。

① 外部漏油是由杆部及头部的油附着情况(油溢出、油封痕迹)来判定的。如图10-18仅有渗油的话,是作为检测对象外的项目。

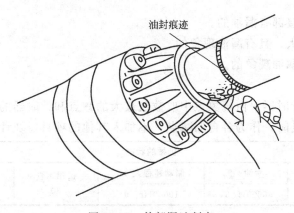

图 10-18 外部漏油判定

② 内部漏油的判断是以铲斗支起机身的方法,测试油缸在受外力的状态下的缩入量及延伸量,如图10-19所示,此项以目测来判断。

在目视的情况下,如有缩入及延伸,可以判定为内部漏油。

(2) 小修理

对象:如图10-20所标各部位的判定。

① 衬套磨损较大的。

② 固定在油缸上的硬管发生变形的。

③ 配管的支撑物发生脱落的。

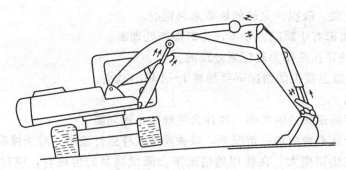

图 10-19　内部漏油判定

④ 弯头管侧装接部位漏油，但无加修痕迹的情况。如有加修痕迹，有漏油情况的要进行交换。

⑤ 在管上留有加修痕迹的，但已不漏油的。

⑥ 防尘密封丢失或破损的。

(3) 活塞杆部受伤

检查点：检查杆表面有无伤痕。

① 有漏油时，判定为"活塞杆伤"。

② 无漏油时，判定为无异常。

利用油石无法修复的伤痕，虽现在无漏油现象，但估计近期会发生漏油现象的应作"活塞杆伤"判断。

(4) 更换

① 筒管有碰痕的。

② 弯头的油缸装接部有漏油的。

③ 筒管加修痕迹大、且有漏油现象的。

④ 筒管焊接部有漏油现象的。

(八) 旋转马达

确认记录现象与计时器，由现象点中取数值最大的减点和计时器的减点。但是，相当于运作不良或减速机不良时，作为各自的减点，不加入其他的项目以及计时器的减点。

项目	机械的状态					减点
旋转马达	无异常	漏油　5	制动超程大 12	运作不良 30	减速机不良 30	18
	6000Hr 不到	6000Hr 6	10000Hr～9			

(1) 漏油

检查点：① 旋转马达漏油的减速机齿轮油内混入液压油、油量在增加，可以察看油检尺。

② 减速机漏油，外部有漏油的。

(2) 制动超程（见图 10-20）

检查点：将铲斗向前臂方向收紧，保持离地约 50cm，发动机全速，作 90°回转，测定偏移量。

判定：测量旋转轴承外环部，有 50cm 以上的偏移时，可判定为制动超程。

(3) 动作不良

检查及判定：发动机低怠速，慢慢地操作操纵杆，无反应的可判定为运作不良。

(4) 减速机不良

检查点：发动机低怠速，慢慢地作一次回转，如果旋转装置有异音、冲击、卡住的现象，可判定为减速机不良。

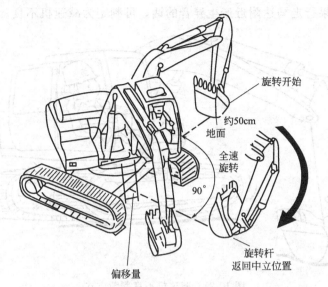

图 10-20　制动超程判断方式

(九) 行走马达

确认记录的现象与计时器，由现象点中，合算数值最大的减点及计时器的减点。但运作不良或减速机不良时，作为各自的减点，不加算其他现象项目以及计时器的减点。另外，如果有运作不良以及减速机不良的两项时，合算各个点数。

项目		机械的状态					减点
行走马达	右	无异常	漏油　4		运行不良 走偏 25	减速机不良 29	12
		5000Hr 不到	5000Hr～4	8000Hr～6			
	左	无异常	漏油　4		运行不良 走偏 25	减速机不良 29	
		5000Hr 不到	5000Hr～4	8000Hr～6			

例：计时器为 5000Hr 的机械，右侧行走马达漏油时，如上表所记的那样在现象项目上画 "○" 后算出的。

　　　(右) 漏油　　　4　　　　　　　　(左) 无异常　　　—
　　　　　5000Hr　　 4　　　　　　　　　　 5000Hr　　　 4
　　　　减点计　　　 8　　　　　　　　　　 减点计　　　　4

行走马达（含减速机）：

(1) 运行不良

检点及判定：

① 单边回转、原地回转不能正常进行的。

② 在发动机的转速缓慢时，终传动不能动作的。但根据接地状况的不同，可稍微提高发动机的转速。

(2) 跑偏

检查点及判定：在直行时明显出现跑偏现象的。

(3) 减速机不良

检查点及判定：用铲斗将机身支起（见图10-21），让发动机低怠速运转，操作腾空侧的行走操纵杆。如果行走马达附近产生异音的话，可判定为减速机不良。

图 10-21　减速机不良判断方式

（十）液压泵

在活塞或齿轮的项目上用"○"圈上，确认记录现象和计时器。在现象点中，合算数值最大的减点和计时器减点。但是，在机械性能低下时，不加入其他现象项目及计时器的减点。

项目	机械的状态				减点
液压泵 （活塞/齿轮）	无异常	漏油　5	—	机械性能低下 单泵30 双泵50 齿轮泵10	11
	不满5000Hr	5000Hr～6	8000Hr～9		

例：计时器为6500Hr的机械漏油时，像上表所记载的那样，算出被圈上"○"的各现象项目。

$$\begin{array}{rr} 漏油 & 5 \\ 5000Hr & 6 \\ \hline 减点计 & 11 \end{array}$$

(1) 漏油

检查点：

① 从泵的外观就可看出是否漏油。

② 从通气口处吹出液压油。

(2) 机械性能低下

判定：

① 复合操作时，动作迟钝。

② 单边回转、原地回转较慢或不能。

③ 不能轻快运行（操作杆反应迟钝，加大操作杆幅度操纵油缸，会使车体浮动）。

（十一）外观评估

确认驾驶室、机身罩类的状况，合算各现象点。

在相当于更换驾驶室总成的情况下，作为其点数，不加入其他现象的减点。

确认上下框架情况的同时，在现象点中，从数值最大的点数中减点。另外，变形龟裂大的项目作为修理费的估计金额的减点。确认机体油漆现象，在现象点内，从数值最大的点数中减点。

项目			机械的状态				减点
驾驶室	无异常	玻璃	破损（小1、大2）	窗框	变形2、更换4	总成更换 50	5
		座席	小修理2、破裂破损4	驾驶室	变形腐蚀（小4大9）		
		内饰	破裂2	门	变形腐蚀（小2、大4）更换6		
罩类	无异常	右侧	变形、腐蚀（小1大3）	发动机	变形、腐蚀（小2、大6）		7
		左侧	变形、腐蚀（小1大3）	裙边变形	单侧4、两侧7		
上下机架	损伤轻微1		变形 龟裂小 4		变形、龟裂大（估计点数）		4
油漆	良好 1		普通 锈迹小 6		锈蚀大、指定色 12		6

（1）驾驶室

检查点以及判定：

1）玻璃破损：2块以下时为小，3块及以上时为大。

2）窗框变形：能简单修理的为小。

① 小修理：座席安装不良、滑动不良、靠背后放不良、放肘的横档破裂等，有必要做简单修理的。

② 破裂：坐垫、靠背破裂的。

③ 破损：座席的骨架变形，座垫的弹簧损坏等，没有再利用价值的。

3）驾驶室、门变形（小）：用简单的钣金及油灰就能修复的。

4）内饰：破裂的。（脏的作为对象外处理）

（2）罩类

判定：① 变形小。用简单的钣金就能修复的。

② 变形大。变形大的或是有必要更换的。

③ 外罩裙边变形。有较严重变形，需用钣金修复或是有必要更换的。

（3）上下机架

判定：① 变形、龟裂小。变形、龟裂较小，相关联部位没有脱落，简单地予以修整及加固就可以的。

② 变形、龟裂大（估计修理费）。变形、龟裂较大，相关联部位脱落，有必要做大修理及加固的。

例：大臂的装接支架变形、龟裂，有必要更换支架部的；引导轮保护罩部位框架开裂，需进行大修的。

（4）油漆

判定：① 良好。喷漆之后的状态下，明显有较高价值的。

② 普通、锈迹少。一般的，通常被使用的状态或是虽有锈迹但锈迹比较少的。

③ 锈迹多、指定色。锈迹较明显的或是有指定色喷漆的（无论程度轻重）。

（十二）其他较大的损伤
没有被上述评定项目记录的部位，需要花费较大整修费用的，记入本栏，估计其点数。

鉴定对象：•液压油箱　•燃料箱　•散热器　•控制阀　•履带胀紧装置
•泵控制器及监控器（液晶显示屏不良）　•蜗轮增压器
•喷射泵　•减振器　•中心接头部位内部有渗漏的
•推土板（是标准配置安装的情况下）
•其他高价格零部件的破损等

（十三）评估加点
1) 铲斗类：根据下记事项，判定等级

最佳	同新的产品一样的东西。（基本上没有磨损的）
良	齿、侧刃以及其他的小物件的更换或是变形较小的
不良	磨损较大，但有再销售价值的
不可	1. 磨损较为明显的 2. 没有再销售价值的

2) 其他：根据以上所记的等级为准的各公司基准。

（十四）其他
关于使用宽履带、加长臂、空调、收音机、工具以及仿造零件的机械的处理，按以下记录判定。

（1）装有宽履带、加长斗杆机械的处理

从区域上看，需求动向、销售价格会有差异，但从全国整体看来无显著差异的，可以同标准机械做同样的评定。

（2）空调、收音机、工具的处理

根据以下记录理由，不作为加点对象。

使用仿造零件的机工的处理：商品价值明显下降的，以更换处理予以减点；其他的情况下，一般是较难判别的，按通常评定进行。

五、评估报告撰写实例

评 估 报 告

按照国家有关资产评估的规定，本着客观、公证、独立、科学的原则，采用公认的二手机评估方法，鉴定师照必要的程序，对＊＊＊＊型号挖掘机进行了实地查勘和调查，并对其在 2013 年 3 月 21 日所表现的市场价值做了公允反映，现将评估过程及结果报告如下：

一、评估对象来源

置换（　）　拍卖（　）　旧机收购（　）　债权机回收（√）　交易受托（　）

二、评估对象的基本情况

评估对象的厂牌型号：如现代 R455LC-7；整机编号：H45L70349；发动机型号 QSM11-C；发动机编号：35280558；登记日期 2011 年 4 月 18 日，使用年限按 2 年计算

三、评估基准日

评估基准日为 2013 年 3 月 21 日

四、评估过程和方法

基准价格＋－评估加减点(评估加减点×平均修理单价)＝评估价值

1. 按照十年折旧法，确定该机的基准价格；

即：第一年折旧20％，第二年折旧15％，第三年折旧10％，第四年以后每年折旧5％，计算出该机的基准价格为：原价（新机价格）1750000元×折旧率（1－35％）＝基准价格1137500元

2. 依据《液压挖掘机评估表》和现代公司提供的挖掘机技术性能参数，对该机的技术性能，外观现象等进行检测，现场查勘，评出该机现况与标准技术性能、外观之间实物差异，并确定加、减点数。该机的加、减点数为：－13点。

3. 计算恢复整机性能，所需的修理费（配件、工时费）平均单价。该机修理费平均单价为644元；

4. 召开评审会，对各评估人员独立完成的评估结果进行综合论证，做出最终评估结论。

五、评估结果

$$1750000 元 \times (1-35\%) - 13 \times 644 元 = 1129128 元$$

该机评估价为：壹佰壹拾贰万玖仟壹佰贰拾捌元整

参 考 文 献

[1] 全国注册资产评估师考试用书编写组. 资产评估. 北京：中国财政经济出版社，2004.
[2] 中国资产评估协会. 机电设备评估基础. 北京：经济科学出版社，2011.
[3] 吴兴敏，陈卫红. 二手车鉴定与评估. 北京：人民邮电出版社，2010.
[4] 张南峰，陈述官，黄军辉. 二手车评估与交易. 北京：人民邮电出版社，2010.
[5] 郭新华. 旧机动车鉴定及评估. 北京：电子工业出版社，2009.
[6] 高群钦. 二手车鉴定与评估一点通. 北京：国防工业出版社，2006.
[7] 韩建保. 旧车鉴定及评估. 北京：高等教育出版社，2006.
[8] 庞昌乐. 二手车评估与交易实务. 北京：北京理工大学出版社，2007.
[9] 李江天. 旧机动车鉴定估价. 北京：人民交通出版社，2006.
[10] 鲁植雄. 二手车鉴定评估实用手册. 北京：江苏科学技术出版社，2007.
[11] 杨万福. 旧机动车鉴定估价. 北京：人民交通出版社，2001.
[12] 国家国内贸易局. 旧机动车鉴定估价. 北京：人民交通出版社，2000.
[13] 张琦. 现代机电设备维修质量管理概论. 北京：清华大学出版社、北方交通大学出版社，2005.
[14] 丁玉兰，石来德. 机械设备故障诊断技术. 上海：上海科技文献出版社，1994.
[15] 李明山，董海生. 机械设备故障诊断技术. 北京：兵器工业出版社，1996.
[16] 机械工程手册编委会. 机械工程手册. 北京：机械工业出版社，1997.
[17] 徐敏. 设备故障诊断手册. 西安：西安交通大学出版社，1998.
[18] 陈学楚. 维修基础理论. 北京：科学出版社，1998.